AF453507

ENSEIGNEMENT SCIENTIFIQUE ET TECHNIQUE

ÉCOLE SPÉCIALE DE TRAVAUX PUBLICS

ÉCOLE PRATIQUE D'INGÉNIEURS DE TRAVAUX

M. LÉON EYROLLES, Ingénieur-Directeur

SECTION DU BATIMENT

COURS RAISONNÉ & DÉTAILLÉ

DU

BATIMENT

3me PARTIE

Echafaudages — Outillage du Chantier
Etaiement et Reprises en sous-œuvre.

Professeur : M. G. ESPITALLIER, Lt-Colonel du Génie.
Ancien Professeur du Cours de Construction à l'Ecole d'Application de Fontainebleau

PARIS
ÉCOLE SPÉCIALE DE TRAVAUX PUBLICS
12, Rue Du Sommerard et 3, Rue Thénard (Boul. St-Germain)

1904

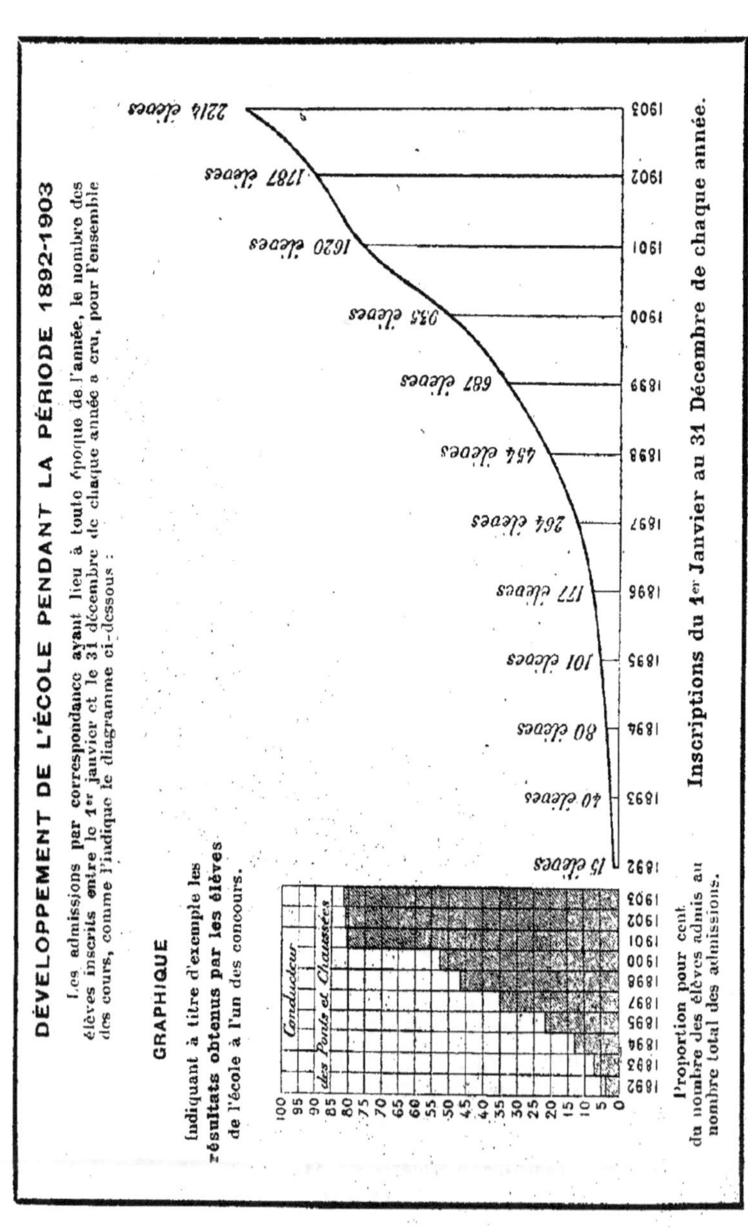

DÉVELOPPEMENT DE L'ÉCOLE PENDANT LA PÉRIODE 1892-1903
Les admissions par correspondance ayant lieu à toute époque de l'année, le nombre des élèves inscrits entre le 1er janvier et le 31 décembre de chaque année a cru, pour l'ensemble des cours, comme l'indique le diagramme ci-dessous :
GRAPHIQUE
Indiquant à titre d'exemple les résultats obtenus par les élèves de l'école à l'un des concours.
Conducteur
des Ponts et Chaussées
100
95
90
85
80
75
70
65
60
55
50
45
40
35
30
25
20
15
10
5
0
1892
1893
1894
1895
1897
1898
1900
1901
1902
1903
Proportion pour cent du nombre des élèves admis au nombre total des admissions.
1892 | 15 élèves
1893 | 40 élèves
1894 | 80 élèves
1895 | 101 élèves
1896 | 177 élèves
1897 | 264 élèves
1898 | 454 élèves
1899 | 687 élèves
1900 | 935 élèves
1901 | 1620 élèves
1902 | 1787 élèves
1903 | 2214 élèves
Inscriptions du 1er Janvier au 31 Décembre de chaque année.

Enseignement Scientifique et Technique.

École Spéciale de Travaux publics.

École pratique d'Ingénieurs de Travaux.

Mr. Léon Eyrolles, Ingénieur-Directeur.

Section du Bâtiment.

Cours raisonné et détaillé du Bâtiment.

3ème Partie

Échafaudages, — Outillage du Chantier Étaiement et Reprises en sous-œuvre.

Professeur : M. G. Espitallier, Lt Colonel du Génie,
Ancien professeur du Cours de Construction à l'École d'application de Fontainebleau.

— Paris —
École Spéciale de Travaux Publics
12, Rue Du Sommerard et 3, Rue Thénard Boul. St Germain.
1904

Chapitre 1er.

Nœuds de cordages [1]

Assemblage de pièces en bois au moyen de cordes.

Préliminaires. — 1. — Les assemblages provisoires que comporte l'établissement des échafaudages, sur les chantiers de construction, nécessitent l'emploi fréquent des nœuds de cordages, et il nous a paru essentiel d'indiquer ici ceux de ces nœuds dont l'usage est courant.

L'importance d'un nœud bien fait est d'autant plus grande que la solidité de l'échafaudage en résulte et, par suite aussi, la sécurité des ouvriers.

Les explications écrites que l'on peut donner, en une matière toute de main-d'œuvre, ne sont jamais assez claires pour se passer de l'application. Il est donc nécessaire, pour étudier ce chapitre, d'avoir en main les éléments des nœuds et brêlages, c'est-à-dire des bouts de corde, de la ficelle, des morceaux de poutrelles équarries et en grume, et quelques billots ou garrots.

Tout devient fort simple, aussitôt qu'on exécute pas à pas les indications de l'instruction.

---

[1] Nous avons suivi, dans ce chapitre, les instructions en usage dans les régiments du Génie, en leur empruntant les figures et une grande partie du texte.

Résistance des cordes.

2. — L'effort de traction maximum P que l'on peut exercer sans crainte sur un cordage en bon état peut s'évaluer, en kilogrammes, en multipliant par 20 le carré de la circonférence C de ce cordage exprimée en centimètres.

$$P = 20\,c^2$$

Ficelage des bouts.

3. — Pour assurer la conservation d'un cordage et empêcher qu'il se détorde, il est bon de garnir les extrémités d'une ligature en ficelle.

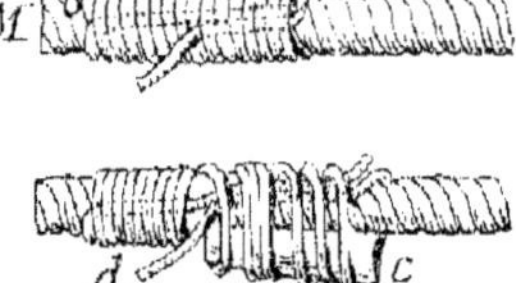

Fig 1. Ficelage au bout d'un cordage.

M étant le bout libre, on allonge tout d'abord la ficelle sur le cordage de la longueur que l'on veut donner à la ligature; puis on commence l'enroulement en recouvrant cette partie ba. Lorsqu'on a fait environ la moitié de l'enroulement bien serré, on continue à enrouler, mais en interposant un petit mandrin, ce qui permet d'introduire ensuite le second bout d de la ficelle sous la ligature.

Ceci fait, on enlève le mandrin; on serre les tours un à un, et il ne reste plus qu'à tirer fortement le bout d de la ficelle, jusqu'à ce que le tout soit parfaitement serré.

On coupe alors ce qui dépasse.

Ganse et boucle. —

4. — Les éléments des nœuds sont la ganse et la boucle.

La ganse se fait en ployant le cordage dont les deux brins se rapprochent sans se croiser.

Dans la boucle, au contraire, les deux brins se croisent.

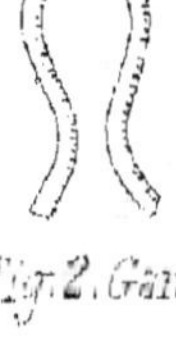

Fig. 2. Ganse.

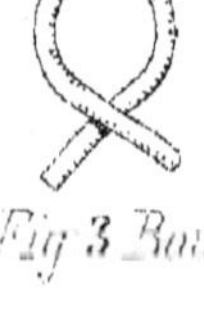

Fig 3. Boucle.

Nœud simple
et nœud double.

5. — Les figures indiquent suffisamment la manière
de les exécuter.

Fig. 4 Nœud
simple.

Fig. 5. Nœud double

Nœud simple
gansé

6. — Faire une boucle ; former une ganse avec l'un des
brins ; tourner cette ganse autour de l'autre brin, de manière
à la passer dans la boucle ; serrer.

Le nœud se défait aisément en tirant
le brin libre de la ganse.

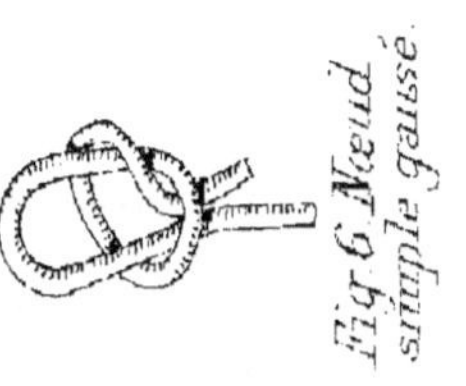

Fig. 6 Nœud
simple gansé.

Nœud allemand.

7. — Former une boucle, le brin libre en dessus ; passer ce
brin autour de l'autre et l'introduire
dans la boucle de dessus en dessous ;
serrer.

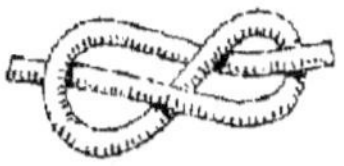

Fig. 7. Nœud allemand.

Nœud servant à
hisser un homme.

8. — Il arrive fréquemment qu'on ait à hisser un homme,
par exemple dans un puits. Le nœud que nous allons décrire
lui permet d'appuyer le pied, tandis qu'il se maintient debout,
les mains au cordage.

Faire un nœud allemand à 2ᵐ du
bout de la corde ; repasser le brin libre dans
le nœud, comme le montre la figure ; réunir
ensuite les deux brins parallèles par un
ficelage.

Fig. 8. Nœud servant
à hisser un homme.

Nœuds de jointure ....

Nœuds de jointure de deux cordages.

Nœud droit. — 9. — Faire une ganse à l'extrémité de l'une des cordes ; introduire le brin libre de l'autre corde dans cette ganse de dessous en dessus par exemple ; entourer avec le bout qui sort de la ganse les deux brins de la première corde, puis repasser ce bout dans la ganse de dessus en dessous ; serrer.

Fig. 9 Nœud droit.

Nœud de tisserand. — 10. — Ce nœud sert à réunir deux cordes d'inégales grosseurs. Former une ganse à l'extrémité de la plus grosse, introduire l'autre corde dans cette ganse et la tourner autour des deux brins comme pour faire un nœud droit ; engager le bout libre de la deuxième corde entre la ganse et le brin déjà passé dedans, serrer.

Fig. 10 Nœud de tisserand.

Joint anglais. — 11. — Juxtaposer sur une certaine longueur les deux cordes à réunir, et faire au bout de chacune d'elles un nœud simple embrassant l'autre corde. Serrer en tirant sur les deux cordes.

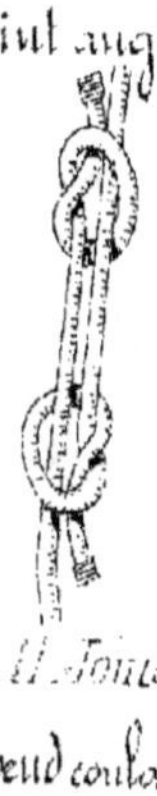

Fig. 11 Joint anglais

Nœuds d'amarrage.

Nœud coulant simple. — 12. — Former une ganse autour du point d'attache (un anneau ou une tête de pieu) ; faire avec le brin libre un nœud simple autour de l'autre brin ; serrer.

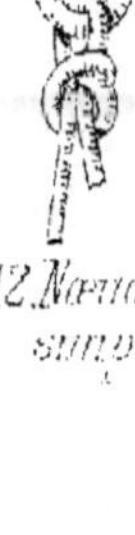

Fig. 12 Nœud coulant simple.

Amarrage
en tête d'alouette.

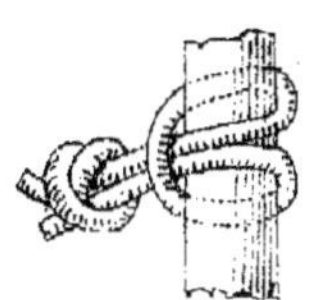

Fig. 13.

Fig. 14.

13. — 1°. S'il s'agit d'une tête de pieu que l'on peut coiffer: Former une ganse; ployer les deux brins réunis et les engager dans la ganse; coiffer le pieu avec ces brins; serrer.

14. — 2°. — S'il est impossible de coiffer (dans le cas d'un organeau par ex.): Passer la corde autour du corps à amarrer (ou dans l'organeau), en ramenant le brin libre sous l'autre; faire un deuxième tour au-dessus du premier, mais en sens contraire; passer le bout libre entre les deux tours; serrer.

Nœud coulant
à double clef

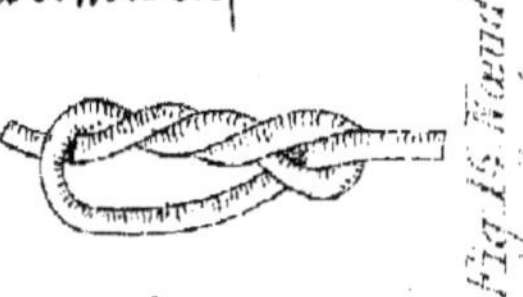

Fig. 15. Nœud coulant à double clef.

15. — Passer le brin libre autour du point d'amarrage; croiser ensuite ce brin avec l'autre, le ployer et l'enrouler en retour sur lui-même.

Nœud de batelier.

16. — Ce nœud se fait de deux manières différentes, suivant qu'on peut ou non coiffer le corps auquel il s'agit d'amarrer le cordage.

a)_ Coiffer le corps auquel on s'amarre d'une boucle faite le brin libre en dessous; avec ce brin faire une seconde boucle, le brin libre encore en dessous, et coiffer de nouveau; serrer.

b)_ Si l'on ne peut pas coiffer, passer la corde autour du corps auquel on s'amarre, en ramenant le brin libre sous l'autre; faire ensuite un deuxième tour au-dessus du premier, et passer l'extrémité libre entre les deux tours; serrer.

Fig. 16. Nœud de batelier.

Nœud de poupée.

17 — Passer deux tours de corde autour de la poupée, le brin libre en dessus; ramener ce brin sous l'autre; former une boucle à son extrémité, le brin libre en dessous, et en coiffer la poupée; serrer.

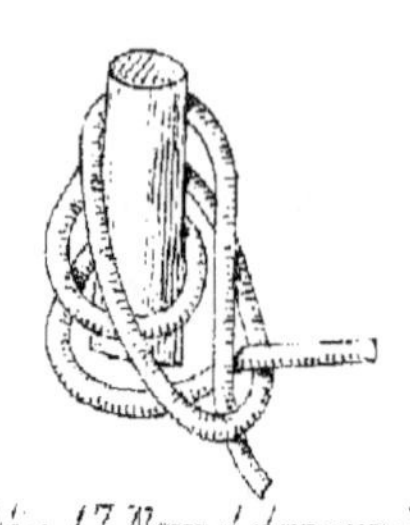
Fig. 17 Nœud de poupée

Amarrage par demi-clef.

18. — Passer deux tours de corde autour du corps auquel on s'amarre, le brin libre en dessus; croiser celui-ci par dessus le long brin et faire passer le bout de la corde dans la boucle ainsi formée de dessous en dessus; faire de même une deuxième demi-clef à la suite de la première; ficeler les deux brins réunis.

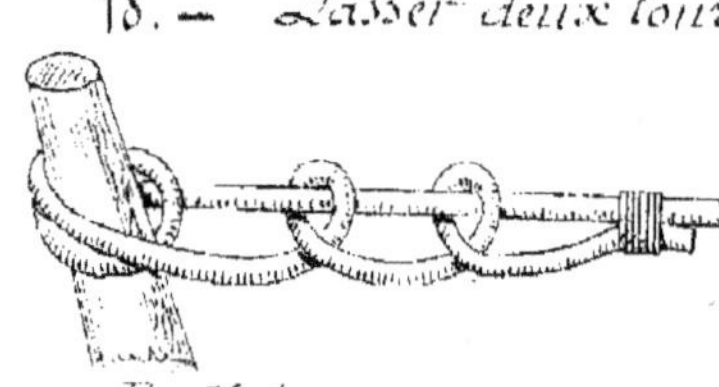
Fig. 18. Amarrage par demi-clefs.

Nœud de cabestan.

19. — Pour attacher un câble à un anneau ou à un crochet, faire une boucle à quelque distance de l'extrémité du cordage, le brin libre en dessus; introduire ce brin dans l'anneau ou dans le crochet, le passer ensuite successivement dans la boucle de dessous en dessus, sous le long brin, puis une deuxième fois dans la boucle de dessus en dessous; serrer.

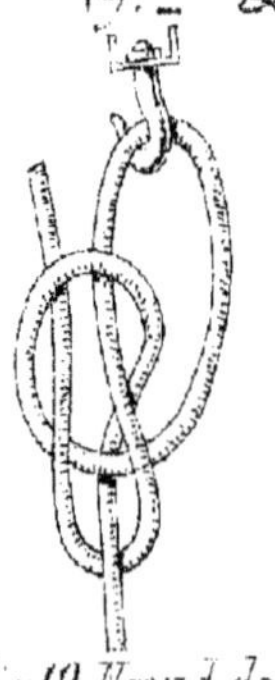
Fig. 19. Nœud de cabestan.

Nœud de galère.

20. — Faire une boucle en un point de la corde; engager le brin de dessus dans la boucle, de dessus en dessous, en le repliant en ganse; passer un billot ou un levier dans la ganse; serrer.

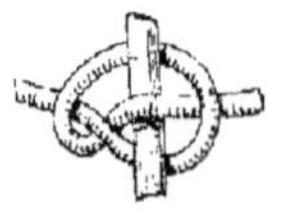
Fig. 20. Nœud de galère.

Ce nœud sert à fixer un levier sur la longueur

d'une corde dont les extrémités ne sont pas libres. Il se défait lorsqu'on retire le levier.

Nœud de palan. — 21. – Pour amarrer une moufle de palan à un câble sur lequel on doit exercer un effort de haut en bas, par exemple, plier une amarre en deux, puis passer les deux brins dans la ganse ainsi obtenue, de manière à former un nœud à tête d'alouette (N.° 13 et 14); serrer le crochet de la moufle dans ce nœud, puis passer les deux brins de l'amarre deux fois autour du câble et du crochet en serrant fortement; faire deux autres tours autour du câble seul, en dessous des précédents; remonter les brins de l'amarre le long du câble à 0,"50 du crochet, et former en ce point une ganse qu'on maintient à la main; passer les brins libres de l'amarre entre la moufle et le câble, en arrière du crochet; faire une deuxième ganse semblable à la première et repasser entre le crochet et le câble; remonter les brins libres de l'amarre au sommet des ganses et faire une demi-clef autour du câble, en passant dans l'intérieur des ganses; faire au-dessus une demi-clef ordinaire et ficeler les brins libres de l'amarre sur le câble.

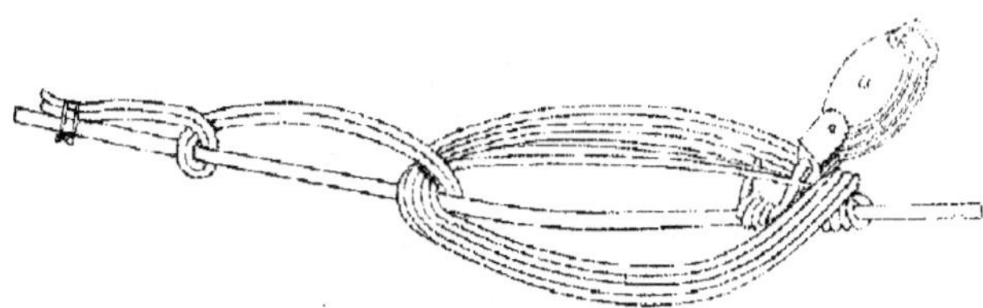

Fig 21. Nœud de palan.

Raccourcissement.

Raccourcissement des cordages.

22. — On est fréquemment amené à raccourcir un cordage pour donner du raide à tout un ensemble. On peut alors employer le procédé suivant:

Garollure. —

23. — En un point de la corde qui n'est pas suffisamment tendue, faire une boucle dans laquelle on passe le bout d'un billot ou garrot, tourner le garrot jusqu'à ce qu'on ait obtenu la tension voulue et le fixer le long de la corde par quelques tours de ficelle.

Fig. 22. Garollure.

24. — Si la corde est trop tendue pour qu'on puisse former la boucle, faire un tour en hélice autour du garrot et tordre ensuite en ramenant les deux extrémités de celui-ci dans un plan perpendiculaire à la corde.

Brêlages.

25. — On appelle brêlages des ligatures en corde ayant pour but de relier deux ou plusieurs pièces de bois. Leur emploi est donc des plus fréquents dans l'établissement des échafaudages, et il est important de les bien connaître.

Brêlage .....

Brêlage reliant
deux poutrelles
équarries juxtaposées.

26. — a) — Cas où les deux poutrelles en contact ont la même largeur. —

Appliquer longitudinalement contre l'une des poutrelles une ganse faite à l'extrémité d'une corde, et un peu plus longue que la garniture à établir; ployer le long brin à angle droit en le faisant passer sur le petit brin à 0,15 de l'extrémité de celui-ci et l'enrouler une fois autour des deux poutrelles; passer ensuite toute la corde dans la ganse, en la faisant entrer par dessous, la replier en sens contraire et recouvrir la ganse de tous côtés jusque vers son extrémité; passer alors le restant de la corde dans le bout de la ganse, tirer fortement le petit brin qui dépasse la garniture, pour bien faire serrer les divers tours, et les réunir à l'autre bout de la corde par un nœud droit, au-dessus de la garniture.

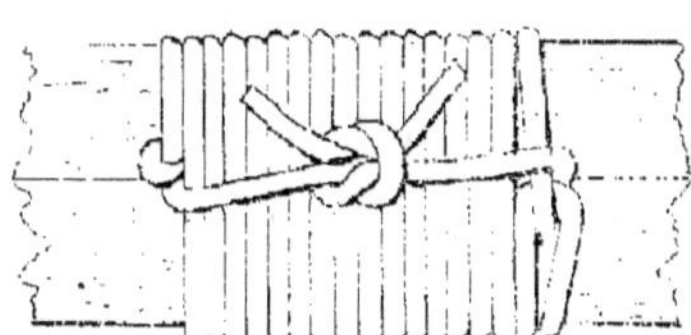 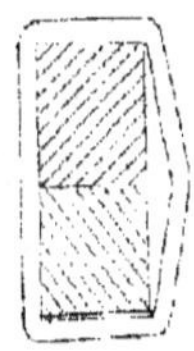 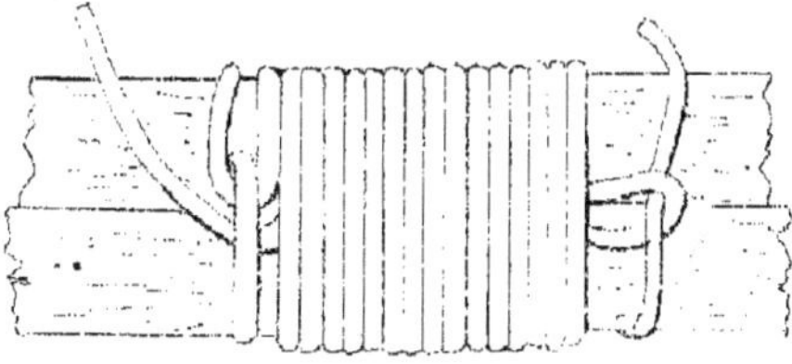

Fig. 23. Poutrelles équarries

27. — b) — Cas où les poutrelles sont de largeur inégale.

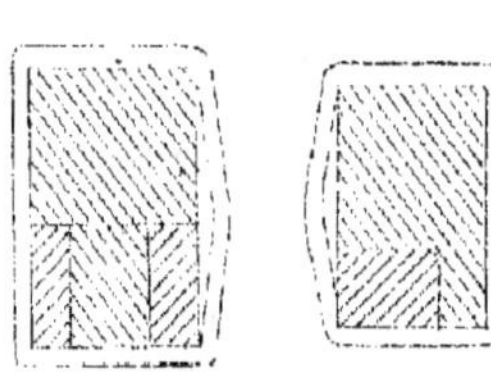

Appliquer contre la poutrelle la moins large des tasseaux rachetant la différence et un peu plus longs que la garniture. Opérer ensuite comme ci-dessus.

Fig. 24. Poutrelles équarries

Brêlage....

Brélage reliant
deux poutrelles
en grume juxtaposées.

28. — On fait la garniture comme dans le cas des pièces équarries, puis on chasse avec force des morceaux de bois dans les vides compris entre la corde et les pièces à réunir.

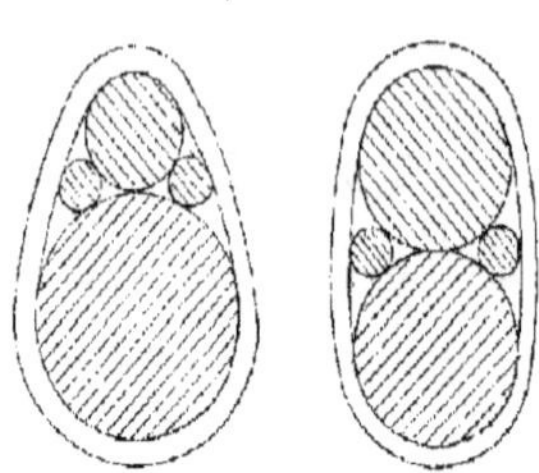

Fig. 25. Poutrelles en grume.

Brélage reliant les
deux parties d'une
poutrelle rompue
obliquement.

29. — On rapproche les parties rompues et on recouvre la partie intéressée d'une garniture comme ci-dessus. Dans le cas où la fracture oblique est courte, la garniture embrasse toute la partie rompue et la dépasse aux deux bouts de quelques tours.

Dans le cas où la fracture est presque normale à la pièce, on dispose autour de la poutrelle des éclisses d'une longueur égale à 5 ou 10 fois la plus grande dimension transversale, suivant que l'effort à supporter est longitudinal ou transversal, et on les recouvre d'une ou plusieurs garnitures.

Brélage à garrot. —

30. — On peut remplacer les garnitures par des brélages à garrot qui sont plus rapidement exécutés.

A cet effet, enrouler deux ou trois fois autour des poutrelles une corde qu'on laisse un peu lâche et dont on réunit les

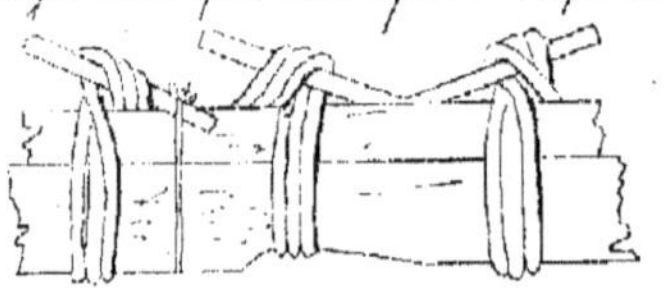

Fig. 26. Brélage à garrot

deux bouts par un nœud droit (on peut aussi passer une couronne de corde autour des deux pièces à réunir). Introduire entre les poutrelles et les tours de corde l'extrémité d'un billot ou garrot et serrer en tournant à refus. Arrêter par une ligature l'autre bout du garrot contre l'une des poutrelles, afin d'empêcher le desserrage.

Si la jonction se fait sur une certaine longueur, on place deux ou trois brêlages à une distance convenable les uns des autres.

Brêlage de deux poutrelles horizontales qui se croisent.

31. — a) — <u>Pièces équarries</u>. — Avec le bout d'une commande (bout de corde dont la longueur est au moins de 5 fois le périmètre de la plus grosse pièce) faire autour de la poutrelle de dessous et contre la pièce de dessus, un nœud coulant sur double clef (N° 15), bien serré, fermé à l'un des points de rencontre des arêtes. Enrouler ensuite la corde autour des deux poutrelles comme l'indique la figure; arrêter le brin libre au moyen d'une ou deux boucles embrassant les tours de corde, et faire un nœud simple au bout.

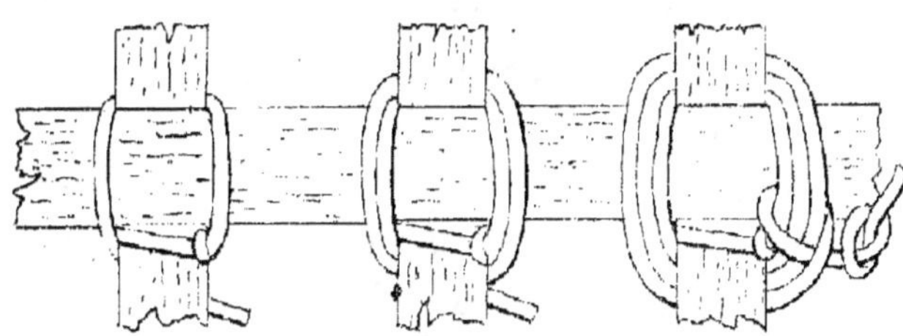

Fig. 27. Pièces équarries

32. — b) — <u>Pièces en grume</u>. — Il est préférable alors d'opérer de la manière suivante :

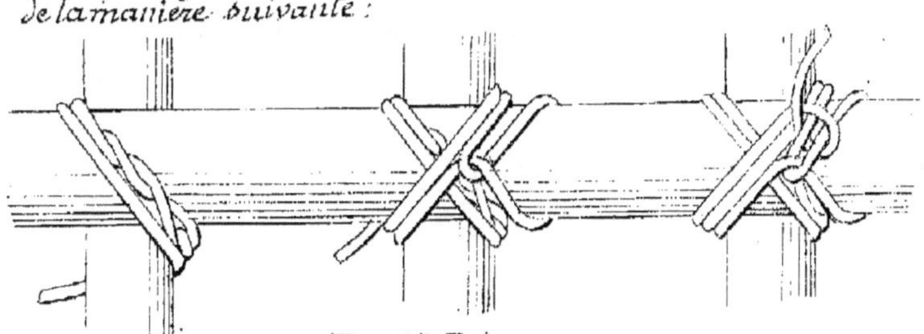

Fig. 28 Pièces en grume.

Embrasser diagonalement au moyen d'un nœud coulant

sur double clef les deux pièces à relier; replier la corde en sens inverse du nœud et faire deux ou trois tours autour des pièces de bois; la diriger ensuite suivant l'autre diagonale; au point où elle croise les premiers tours, la dévier à angle droit comme l'indique la figure, en la maintenant provisoirement avec la main; la passer sous le rondin supérieur et l'engager dans le pli qu'on vient de former; puis la ramener en arrière, en la tendant fortement, et faire quelques tours en croix sur les premiers. Former la ligature comme dans le cas précédent.

33. — c) — _Pièce en grume sur pièce équarrie._ — Faire un nœud coulant sur double clef autour de la poutrelle équarrie, comme dans le premier cas (a); puis enrouler la corde autour des deux pièces alternativement suivant les deux diagonales et en embrassant carrément la poutrelle équarrie. Arrêter la ligature comme précédemment.

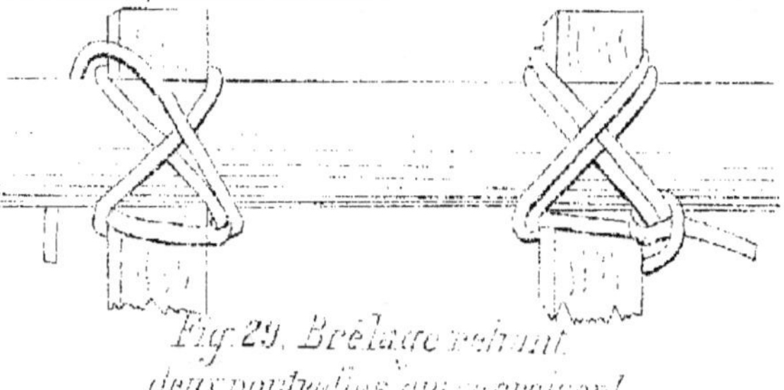

Fig. 29. Brêlage reliant
deux poutrelles qui se croisent.

Brêlage étranglé. — 34. — On peut augmenter la tension des tours de corde dans les deux derniers cas, en les étranglant comme l'indique la figure 30.

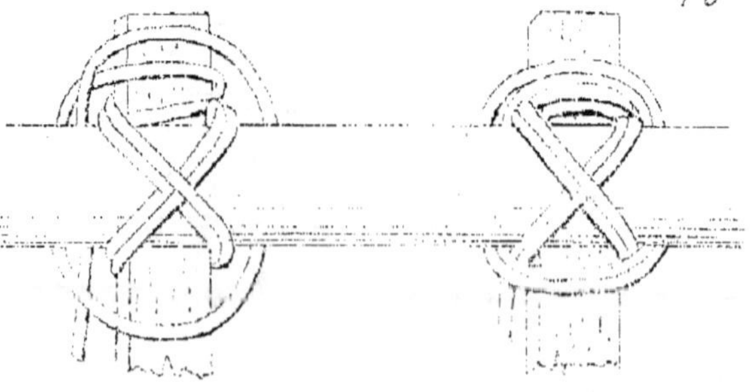

Fig. 30. Brêlage étranglé.

Brêlage fixant une poutre horizontale à un poteau vertical.

35. — C'est le problème qui se pose avec le plus d'importance dans l'établissement des échafaudages.

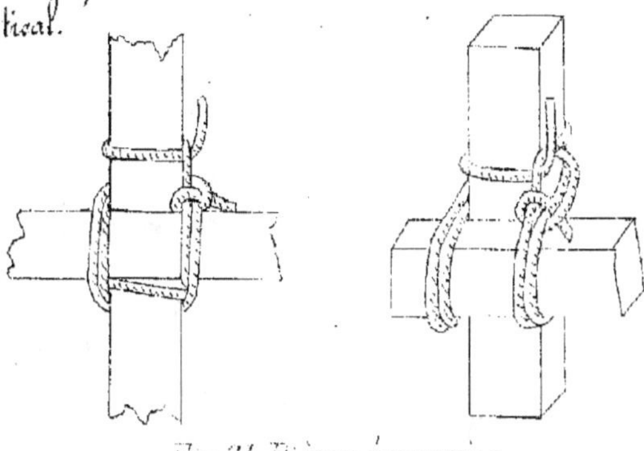

Fig. 31. Pièces équarries.

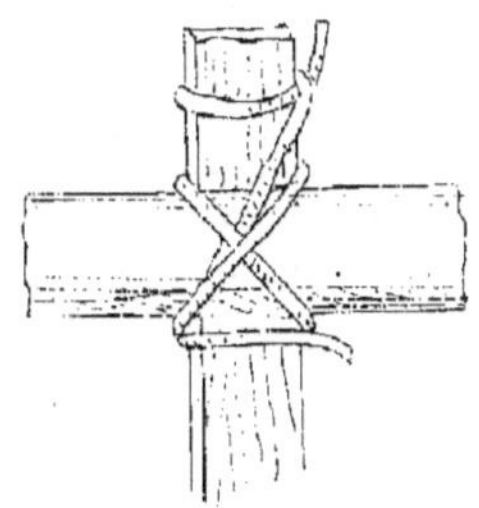

Fig. 32. Pièce équarrie et pièce en grume.

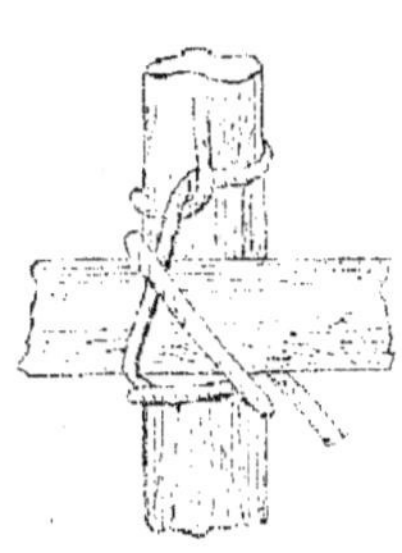

Fig. 33. Pièces en grume.

Amarrer d'abord la corde au poteau vertical par un nœud coulant sur double clef (ou par un nœud de batelier N° 16) ; puis passer le bout libre en avant de la poutre horizontale et faire un ou plusieurs tours autour du poteau, en-dessous de la poutre, continuer ensuite la ligature comme il a été dit plus haut pour les pièces horizontales. Arrêter enfin les tours de corde faits autour du poteau vertical, au moyen d'un taquet cloué ou d'une broche.

Brêlage de 2 pièces en Croix de St André.

36. — Embrasser sur la diagonale horizontale les deux pièces par un nœud coulant sur double clef bien serré ; replier la corde en arrière et l'enrouler plusieurs fois autour des deux pièces ; arrêter la ligature et l'étrangler comme ci-dessus.

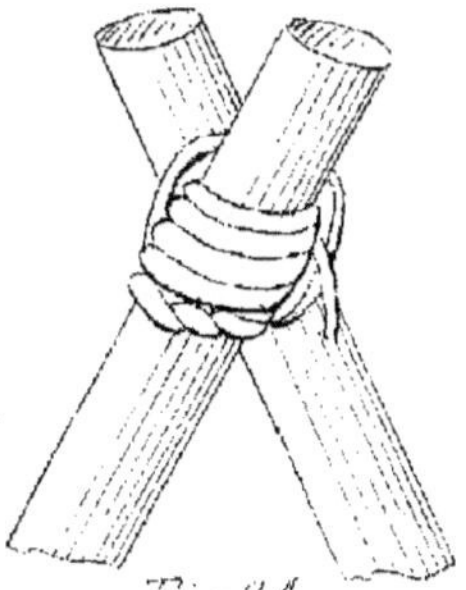

Fig. 34.

On .....

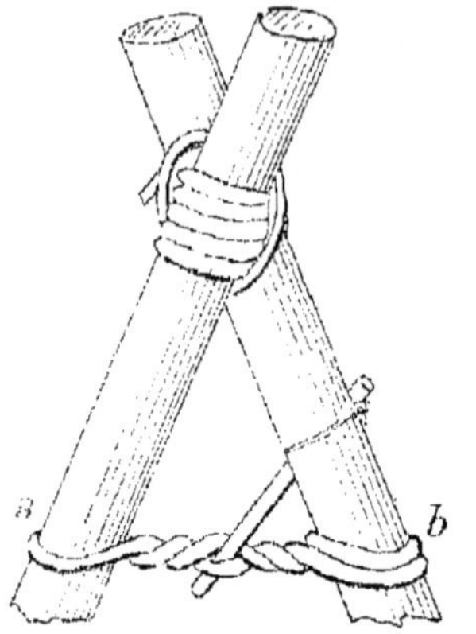

Fig. 35. Brêlage étranglé.

On empêche les deux pièces de s'écarter au moyen d'une garrotture a.b. (fig. 35) qu'on empêche de glisser à l'aide de quelques clous enfoncés dans le bois, contre la corde.

Chapitre II.....

Chapitre 2.

Echafaudages.

§ 1. — Considérations générales.

Définitions. —

37. — Les échafaudages sont des constructions temporaires en charpente, qui ont pour objet d'aider à l'édification d'un bâtiment et permettent d'élever les ouvriers aussi bien que les matériaux à la hauteur des travaux à exécuter, cette hauteur s'accroissant d'ailleurs au fur et à mesure de l'avancement de l'ouvrage.

Ils doivent être combinés et établis avec la plus grande solidité; l'Entrepreneur est responsable, en effet, des accidents qui surviendraient de leur fait.

38. — On doit distinguer tout d'abord deux classes d'échafaudages.

Les premiers exclusivement consacrés au travail de la construction ou de la réfection d'une bâtisse ordinaire et dont l'existence est éphémère, sont établis par les maçons eux-mêmes avec la plus stricte économie.

Ils sont généralement constitués au moyen de bois en grume, réunis entre eux par des nœuds de cordages.

Les …

Les autres établis autour de monuments ou d'édifices très importants, pour leur construction ou pour leur réfection méthodique, sont souvent appelés à une longue durée, lorsque les crédits de réfection sont répartis sur plusieurs exercices.

Leur édification est confiée à des charpentiers de profession. On y emploie des bois de sciage ou des échantillons équarris du commerce. Leurs assemblages sont faits suivant les règles de la charpenterie et maintenus par des boulons.

Certains de ces échafaudages coûtent fort cher; il n'est pas rare d'y dépenser 10, 20 et même 30.000 francs.

39. — Dans tous les cas le bois employé est le sapin ou l'aulne quelquefois, pour toutes les pièces longues, tant à cause de la légèreté relative des bois de ces essences que parce qu'ils fournissent aisément des pièces droites de grande longueur.

Le chêne et les bois durs sont, au contraire, rarement droits sur une longueur convenable. Ils sont lourds et entraînent ainsi un inutile déploiement de force pour leur mise au levage. Enfin, ils coûtent cher.

On réserve les essences dures pour établir les pièces servant de chapeaux et de semelles qui sont soumises, par les pièces portant en bout sur elles, à des efforts de poinçonnement transversal.

§ 2. Échafaudages simples....

§. 2. Échafaudages simples.

Trois classes échafaudages.

110. — Parmi les échafaudages employés couramment dans la construction du bâtiment, on distingue trois classes d'ouvrages :

1°. — Les échafauds sur plan vertical, destinés à suivre les maçons dans la construction des murs verticaux, auxquels ils restent parallèles ;

2°. — Les échafauds sur plan horizontal, plus spécialement destinés à la construction des plafonds ou des corniches ;

3°. — Enfin, les échafaudages volants, suspendus à une construction existante et permettant de faire des ragréements ou des enduits, ainsi que la pose des tuyaux de descente et autres travaux analogues.

Échafaudages sur plan vertical.

111. — Un échafaudage de la première catégorie comprend essentiellement :

1° — des pièces verticales dites pointiers, écoperches ou échasses ;

2° — des pièces horizontales, dites tendières, disposées avec les précédentes dans le même plan général parallèle au mur à construire ;

3° — enfin, des pièces horizontales dites boulins, posées transversalement sur les tendières et qui supportent à leur tour les planches servant à la circulation.

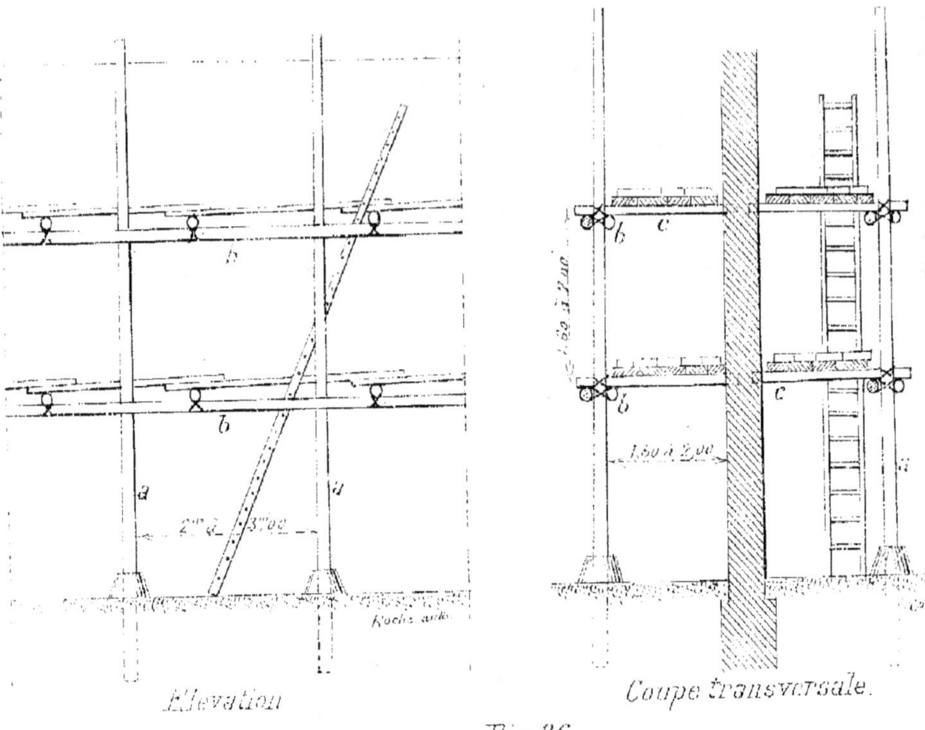

Fig. 36.

42. — Les *poinliers* sont le plus généralement de longues perches à (fig. 36) de 0ᵐ,15 à 0ᵐ,20 de diamètre au plus gros bout, fichées dans le sol, à 1ᵐ,50 du mur à construire, vers lequel on les incline légèrement. On achève d'assurer leur appui sur le sol en les entourant d'un petit massif de maçonnerie. Dans les villes et lorsque les perches portent sur un trottoir que l'on ne veut pas dégrader, on se contente d'entourer le pied d'un fort solin en mortier de ciment, en mortier bâtard ou en plâtre.

Les *poinliers* sont écartés de 2 à 3ᵐ les uns des autres.

La longueur des perches dépasse rarement une dizaine de mètres, ce qui oblige souvent à les *enter*. L'enture se fait alors sans assemblages de charpente en juxtaposant les deux pièces et en les réunissant par une ligature en corde (Nᵒˢ 26 à 28).

143. — Les <u>tendières</u> horizontales ont 0,^m 10 à 0,^m 12 de diamètre. Elles sont placées contre les pointiers, entre ceux-ci et le mur, lorsqu'il n'y en a qu'une file ; mais souvent aussi on en dispose deux files de part et d'autre de la perche verticale.

L'attache est faite au moyen de cordages (e N.° 35. chap. 1er) ou au moyen de chaînes. Il est toujours bon de serrer la ligature à l'aide d'un billot de bois.

144. — Les <u>boulins</u> ont 2,^m 50. Ayant à supporter les ouvriers et les matériaux, ils sont souvent en chêne ou en frêne, et ont 0,^m 08 à 0,^m 10 de diamètre. Leur écartement est d'environ 2^m. Ils posent sur les tendières auxquelles on les attache au moyen de cordages ; quelques-uns sont placés le long des pointiers et attachés sur ces pièces verticales qu'ils contribuent à contreventer.

Les boulins sont d'autre part engagés dans la maçonnerie et restent en place jusqu'à la fin de la construction. On ne les enlève qu'au fur et à mesure que le travail de ravalement et d'enduit descend de la corniche au sol, et c'est alors seulement que l'on bouche les trous de boulins.

Lorsque la maçonnerie du mur comporte un parement en pierre de taille, on ne peut pas y ménager le logement des boulins. Il faut alors faire pénétrer ceux-ci par les baies et les faire reposer sur les appuis de fenêtre par l'intermédiaire d'un court potelet s'il est nécessaire.

On établit les plans successifs de boulins à une distance verticale les uns des autres variant de 1,^m 60 à 1,^m 75 : c'est la hauteur de maçonnerie qu'un ouvrier peut exécuter commodément.

145......

115. — Le plancher reposant sur les boulins est formé soit de planches à bateau dans les régions où l'on peut se procurer ce genre de matériaux, soit de planches de sapin ou de peuplier de 0ᵐ,011 d'épaisseur. Pour en assurer la conservation, on frette l'extrémité de ces planches au moyen de petites bandes de feuillard qui les empêche de se fendre.

Il est évident qu'on doit prendre la précaution essentielle de ne jamais les mettre en porte-à-faux.

<table><tr><td style="vertical-align:top; width:25%">

Échafaudages
à échasses
et en bascule.

</td><td>

116. — Pour éviter d'encombrer le sol d'une rue étroite et fréquentée, on est conduit parfois à suspendre l'échafaudage au-dessus du rez-de-chaussée.

Nos deux figures 37 et 38 offrent deux dispositions de ce genre. — Dans la première, les poinliers s'appuient sur des arcs-boutants ou échasses obliques butées au pied du mur. Un pareil échafaudage n'offre de sécurité que si les boulins sont solidement scellés dans le mur.

</td></tr></table>

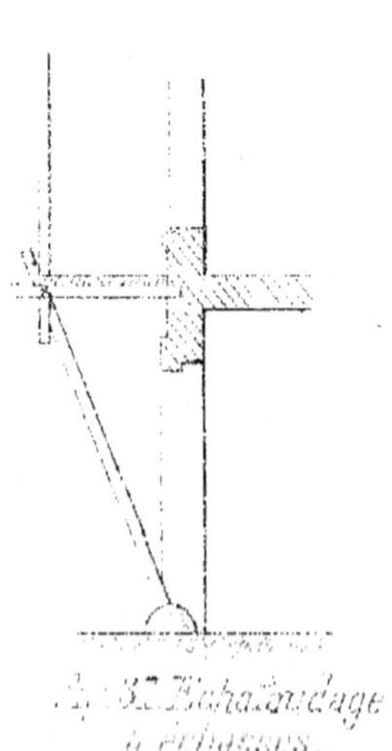

Fig. 37. Échafaudage
à échasses.

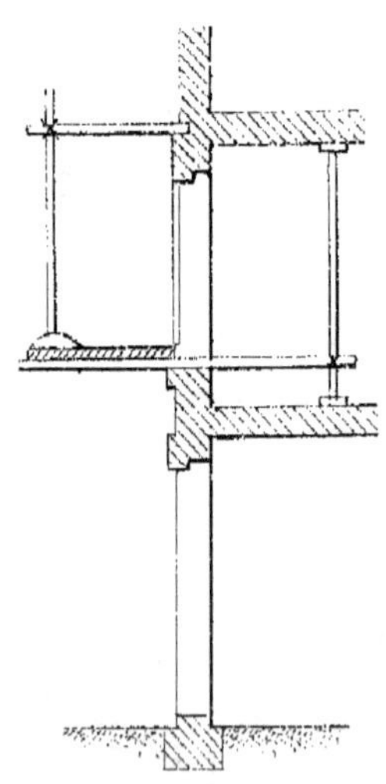

Fig. 38. Échafaudage
en bascule.

47 _ L'échafaudage en bascule ne peut être établi que lorsque les planchers existent _ Les boulins qui le supportent, en effet, pénètrent par les fenêtres à l'intérieur de la construction de 2^m à 2^{m}50 et sont attachés à des chandelles verticales dressées entre les deux planchers.

Echafaudages sur plan horizontal. 48 _ L'échafaudage sur plan horizontal est surtout destiné à la confection des plafonds et enduits intérieurs.

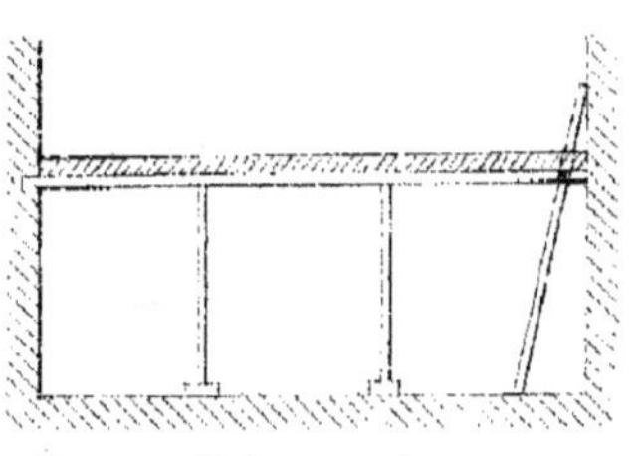

Fig. 39. Echafaudage sur plan horizontal.

Il comprend des perches posées horizontalement et de toute la largeur de la pièce; ces sortes de boulins peuvent être engagés dans les murs s'il existe encore des trous de boulins; mais on peut également les fixer par des ligatures en corde à des pièces posées le long des murs et appuyées de la tête contre ceux-ci.

Lorsque les boulins ont une grande longueur, on les soutient sur des chandelles intermédiaires. Dans le cas le plus simple, le plancher est posé sur des chevalets.

Echafaudages volants. 49 _ Les échafaudages volants servent à faire les travaux de réfection ou de ravalement sur les façades.

Leur forme varie beaucoup suivant la nature du travail et la disposition des lieux. La figure 40 en offre un exemple qui comporte un plancher de 0^{m}80 à 1^{m}00 de large sur 2 à 3^m de long, porté sur les traverses inférieures de deux chevalets triangulaires. Une barre y forme garde-corps et en même temps sert à entretoiser les deux chevalets.

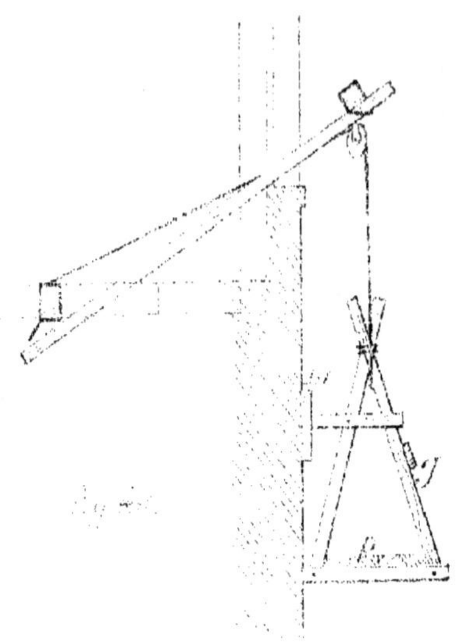

Cet ensemble est sus-
pendu par le sommet à
une corde passant sur une
poulie. La poulie elle-même
est fixée à l'extrémité d'une
pièce de bois pénétrant dans
le bâtiment par une fenêtre
et engagée par son autre
extrémité sous une solive
qui l'empêche de basculer.
Des amarres complètent
le système d'attache. La
corde de suspension permet
de faire descendre à volonté l'échafaud le long de la façade sur
laquelle il s'appuie par son pied et par un patin m.

50. — Certains corps de métier ont des équipages volants
spéciaux, plus simples encore que le précédent et très-solide-
ment confectionnés. C'est, par exemple, une simple échelle
posée à plat et destinée à recevoir un plancher léger. Cette
échelle est soutenue par deux étriers de suspension en fer,
accrochés eux-mêmes chacun à la poulie inférieure d'un
palan, dont la poulie supérieure est fixée à un boulin engagé
dans la charpente du comble. Les brins libres des palans
tombent sur l'échafaudage où ils sont attachés, ce qui permet
aux ouvriers de les manœuvrer eux-mêmes.

51.....

51. — Nous donnons, d'après le *Génie Civil*, un exemple d'échafaudage volant appliqué à Cincinnati (États-Unis) et servant à exécuter les revêtements extérieurs des maisons colossales à multiples étages, après que l'ossature métallique et les planchers ont été établis.

Cet échafaudage consiste essentiellement en une plate-forme ou plancher, suspendue par des câbles métalliques à une charpente en bois formant console, placée en porte-à-faux extérieurement. Cette charpente passe dans les ouvertures des baies et est appuyée solidement contre la construction à l'intérieur, au moyen de contrefiches.

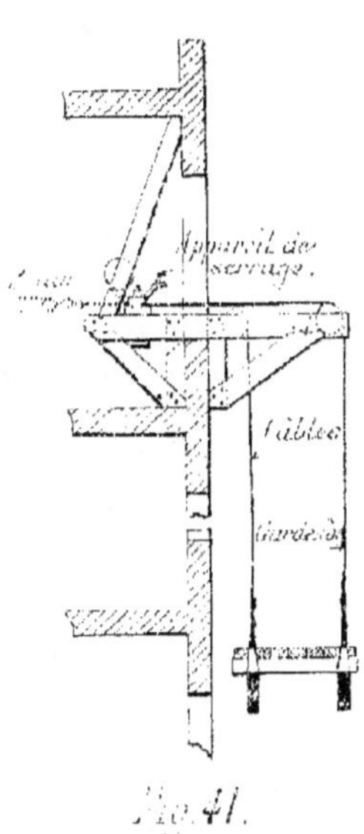

Fig. 41.

Les câbles de suspension passent sur des poulies et sont renvoyés horizontalement. La montée et la descente de l'échafaud se font en manœuvrant un palan qui agit par l'intermédiaire de l'appareil de serrage.

Les bouts libres des câbles sont enroulés sur un tambour porté par les contrefiches.

52. — Nous empruntons également à la même publication le schéma d'un dispositif d'échafaudage pour la construction d'une cheminée d'usine en béton armé à Los Angeles (Californie).

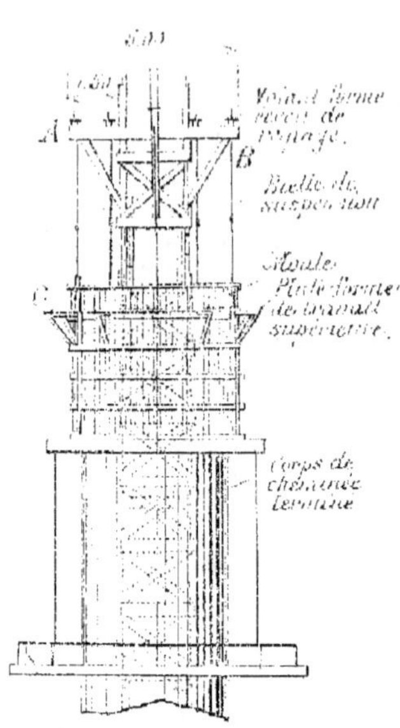

Disposition des échafaudages.

Fig. 42.

Toute la construction s'est faite en l'air au moyen d'un échafaudage en bois construit à l'intérieur de la cheminée. La tête seule a été construite au moyen de blocs creux pesant 600 kg. préalablement montés sur le sol. Les matériaux étaient montés électriquement.

L'échafaudage, qui seul nous intéresse pour le moment, était monté un peu en avance sur le travail de maçonnerie et par tronçons de 1^{m}50 de hauteur. Sur le cadre supérieur de chaque tronçon étaient posées deux paires de poutres en bois A B, longues de 5^m, et dont les extrémités étaient en porte-à-faux sur une longueur de 1^{m}50; c'est à ces poutres qu'étaient suspendus les moules nécessités par l'emploi du béton armé.

A l'intérieur de l'échafaudage, se trouvait une première plateforme de travail appuyée sur l'échafaudage même; à l'extérieur, il y en avait deux. La plateforme supérieure était portée par le moule au moyen de consoles C; la plateforme inférieure était suspendue à des traverses faisant partie du châssis inférieur du moule, et à une poutre transversale de 6^m, posée sur le sommet de l'échafaudage intérieur. Cette dernière plateforme n'avait d'autre utilité que de faciliter le travail de pulvérisation d'eau fait, sur le parement extérieur, en vue de maintenir humide la surface du béton pendant plusieurs jours après la prise.

Pour éviter de déplacer les poutres supérieures, l'échafaudage était muni d'une partie intérieure de 3^m de hauteur formant télescope et pouvant être haussée à volonté. On la montait d'un peu plus de 1.^m50, de façon à faciliter la pose d'un nouveau tronçon d'échafaudage et on l'abaissait ensuite pour faire reposer les poutres sur le tronçon nouveau qui venait d'être posé.

§ 3. — Grands échafaudages.

53. — Nous avons dit que les grands échafaudages que nécessitent la construction ou la réfection des monuments, sont de véritables ouvrages en charpente équarrie. On évite cependant d'y faire d'autres assemblages que des assemblages à mi-bois, en assurant le serrage par des boulons.

Les différentes parties de cette charpente, montées avant la mise en œuvre de la maçonnerie, forment un tout en équilibre, sans qu'il soit nécessaire de prendre aucun appui sur les murs, comme on était forcé de le faire pour les boulins d'un échafaudage ordinaire.

Les grands échafaudages se composent encore de poteaux verticaux reliés par des lambourdes horizontales disposées à 2 ou 3^m d'écartement vertical; le tout est solidarisé par des croix de Saint-André et des pièces obliques sur les quatre faces.

On ménage, dans certaines parties de l'échafaud, des sortes de tours à l'intérieur desquelles sont installés les appareils de levage des matériaux. Les escaliers sont également établis à proximité.

54.— Les échafaudages destinés aux réfections d'édifice occupent une partie restreinte de cet édifice. Ils se déplacent au fur et à mesure de l'avancement du travail et il convient par conséquent qu'ils soient très-facilement démontables. On en réduit autant que possible les dimensions transversales.

Dans bien des cas, ce n'est plus qu'une tour de charpente dont la hauteur est relativement considérable par rapport aux dimensions de la base.

Pour lui donner plus de stabilité, on peut alors incliner tout ou partie des poteaux de support; mais il est préférable d'obtenir cet élargissement par le simple prolongement des étrésillons obliques.

Enfin, quelques-uns de ces échafauds sont pourvus de galets et se déplacent sur des rails.

Chapitre 2.....

Chapitre III.

Appareils de levage.

55. — Pour assurer l'approche des ouvriers et des matériaux, on se contente, dans les constructions de proportions modestes, de disposer des échelles et des plans inclinés donnant accès aux différents étages de l'échafaudage ; mais ce moyen rudimentaire occasionnerait beaucoup de perte de temps et de dépense, aussitôt que la bâtisse a quelque importance.

Il faut dès lors avoir recours à des moyens mécaniques de levage, mais il importe en même temps, pour ne pas avoir à changer de place fréquemment ces engins, de déterminer à l'avance l'emplacement le plus commode, d'où l'on pourra conduire les matériaux de plain-pied sur tous les points de l'échafaud, et tel que les progrès eux-mêmes de la construction n'obligent pas à des déplacements multipliés.

L'appareil de levage le plus simple est la chèvre ; mais on emploie plus volontiers aujourd'hui la grue. Enfin, il convient de citer les procédés usités en Amérique pour l'ascension des matériaux au moyen de derricks ou de grues à mâts dans la construction de maisons géantes.

La Chèvre. — 56. — La chèvre est une sorte d'échelle triangulaire, portant à son sommet une poulie et munie à sa base d'un treuil. Elle porte par ses deux pieds sur un plancher provisoire

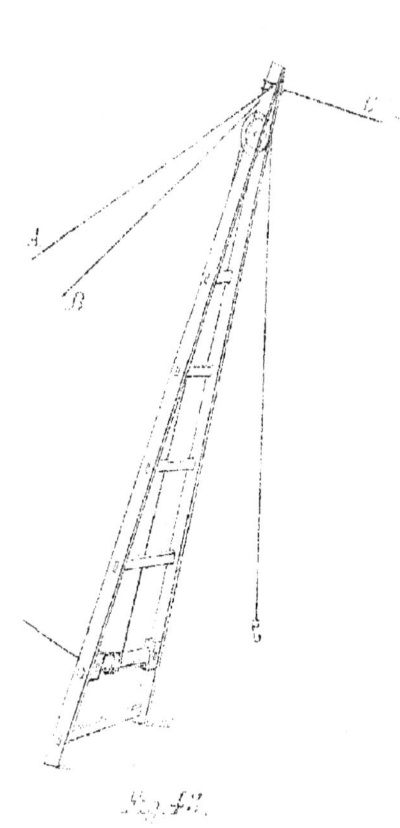

Fig. 47.

et s'incline de façon à surplomber le vide où descend la corde passée sur la poulie et disposée pour la remonte des matériaux.

Pour la maintenir dans cette position, on est forcé de fixer à son sommet deux câbles divergents A et B, dirigés symétriquement par rapport à l'axe de l'engin et solidement amarrés en arrière. Un troisième câble de retraite C, amarré en avant, s'oppose à tout renversement accidentel.

Cet appareil est assez léger pour se prêter à toutes les manœuvres.

La Sapine. — 57. — La Sapine, universellement employée aujourd'hui dans toutes les constructions importantes est une sorte de tour en charpente, formée de quatre poteaux verticaux, écartés de 2ᵐ environ les uns des autres et reliés par des traverses horizontales dessinant des étages de 3 à 4ᵐ de hauteur.

Sur les trois faces qui ne sont pas adossées au mur de la construction, on dispose dans chaque panneau, une croix de Saint-André qui assure l'indéformabilité.

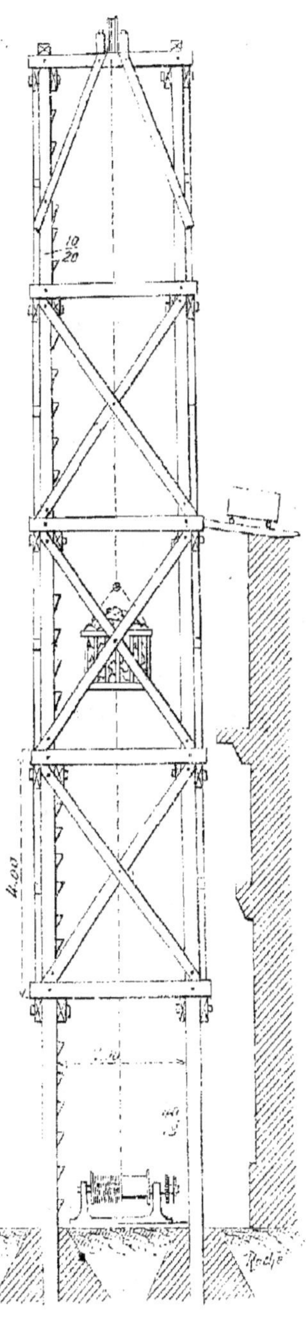

Fig. 44.

Sur la plateforme supérieure, deux traverses jumelées portent entre elles une poulie placée dans l'axe du pylône et sur laquelle passe la corde ou la chaîne destinée à l'ascension des matériaux. Le mouvement est donné par un treuil qui se trouve placé, à la base, sur le côté de la sapine, pour mettre, en cas de rupture, à l'abri de tout accident, les ouvriers qui le manœuvrent.

La sapine est reliée latéralement avec les échafaudages extérieurs, et, comme elle est installée à une certaine distance du mur, des ponts volants sont jetés à différentes hauteurs pour conduire les matériaux à leur destination.

58 — La sapine employée dans les constructions de moyenne importance peut être établie au moyen de bois en grume réunis par des ligatures en cordages.

Toutefois...

Toutefois, les Entrepreneurs qui ont à en faire un usage continuel ont tout intérêt à posséder un matériel susceptible d'une longue durée, facile à démonter et à remonter.

Ce matériel est alors construit en bois équarris, assemblés et boulonnés. Les montants qui exigent un équarrissage assez considérable peuvent être en bois de sciage ; il est préférable d'y employer des pièces d'équarrissage commercial, c'est-à-dire des madriers de 22 %_m × 8 %_m. Cette dimension ne serait pas suffisante pour constituer un poteau ; mais il est facile d'accoler trois ou même quatre madriers ce qui donne un équarrissage total de 22 × 24 %_m ou 22 × 32 %_m.

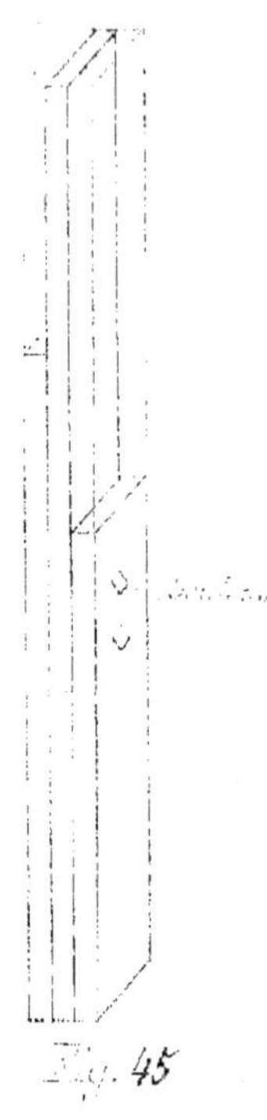

Fig. 45

Les 3 ou 4 cours de madriers sont réunis de distance en distance par des boulons.

Ce dispositif permet d'obtenir aisément des longueurs quelconques, bien que les madriers du commerce n'aient que 5_m. Il suffit d'enter les madriers bout à bout en faisant chevaucher les joints sur d'assez grandes longueurs.

59. — Enfin, l'on peut combiner des appareils roulants pour servir au levage des matériaux. Suivant leurs formes et leur mode d'emploi, on leur donne le nom de grues roulantes ou de ponts de service.

Les...

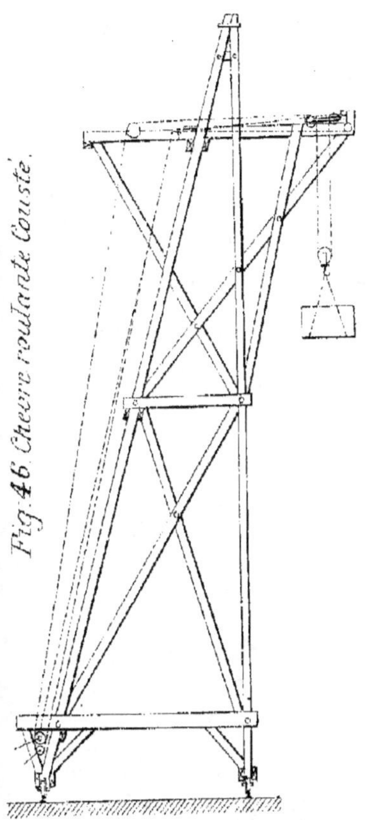

Fig. 46. Chèvre roulante Cousté.

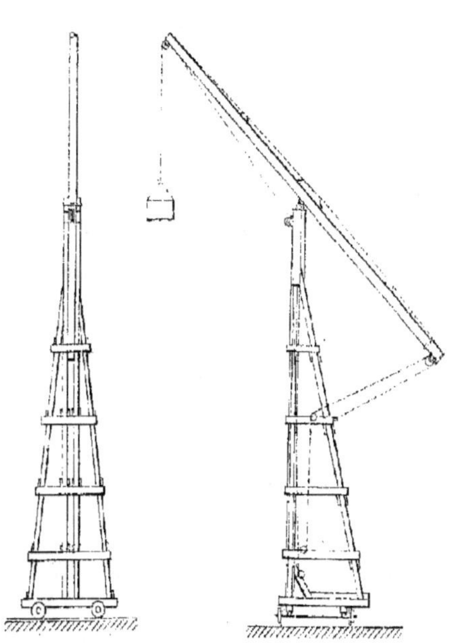

Fig. 47. Grue à balancier système Bonnet.

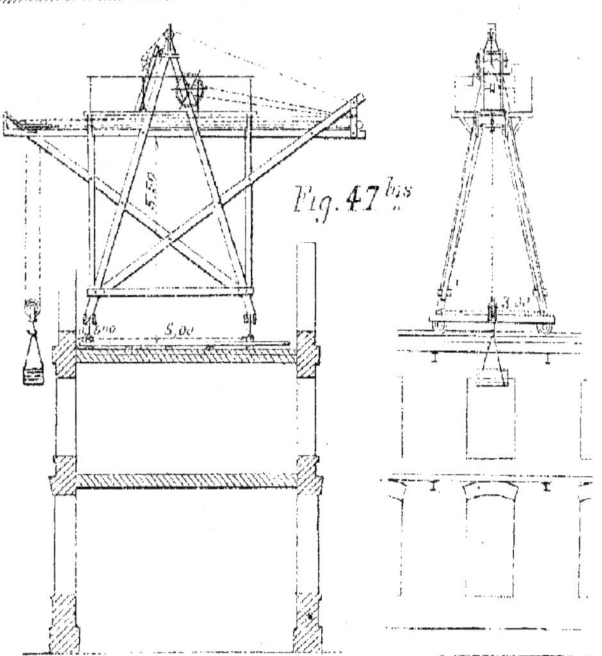

Fig. 47 bis.

Les figures 46 & 47 que nous empruntons à l'Encyclopédie d'Architecture de Mr Planat, et la figure 47 bis donnent des exemples de grues roulantes dont il est facile de comprendre l'agencement.

60. — Les ponts de service offrent deux sens de déplacement. L'échafaudage principal est monté sur galets et roule sur une voie longitudinale. En outre, sa plateforme supérieure porte elle-même des rails disposés dans le sens transversal et sur lesquels se déplace un chariot portant un treuil de levage.

Les figures 48 et 49 représentent les ponts de service qui ont servi au levage de fermes de 9^m, 12^{m}50 et 27^m de portée à l'Exposition de 1900.

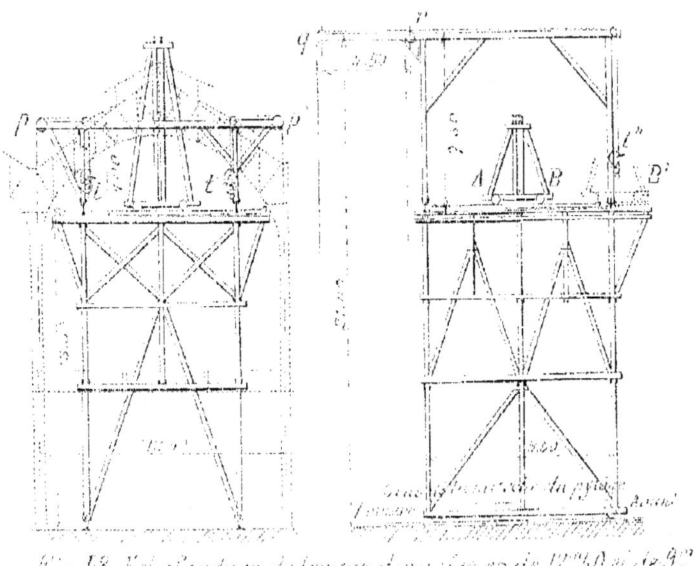

Fig. 48. Échafaudage de levage des fermes de 12^{m}50 et de 9^m.

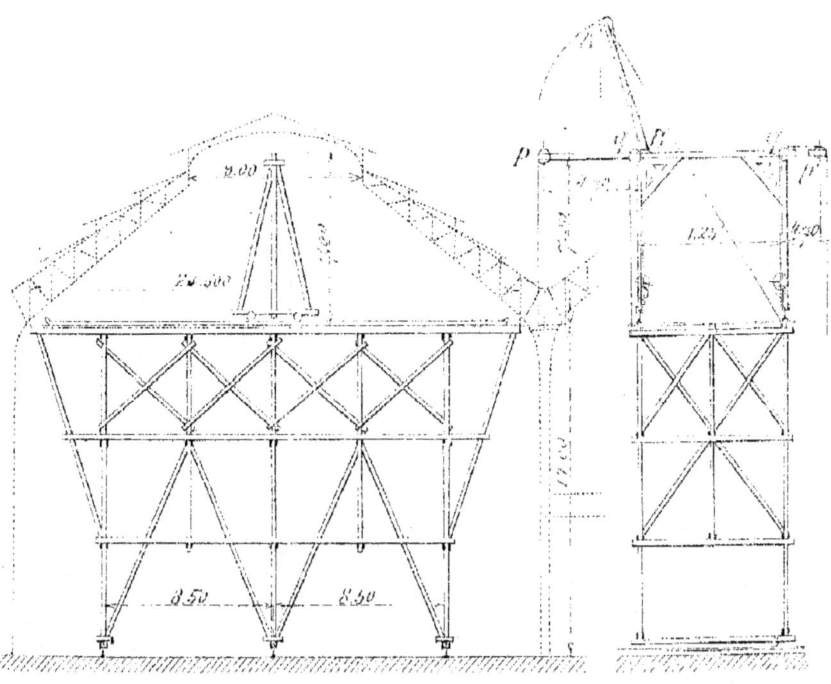

Fig. 49 Echafaudage de levage des galeries de 27 mètres.

Grues à mât américaines. Derricks.

61. — Dans la construction des énormes édifices qui caractérisent maintenant les grandes cités américaines, on fait usage, comme appareils de levage, de grues à mât, dont nous allons donner un exemple. Il s'agit de la grue du système Crosby qui a servi notamment à l'édification du Palais de Justice de Salt Lake City, capitale de l'Utah.

Chaque grue, composée d'un mât vertical et d'une volée oblique, est supportée par un pylône en bois de 12m,20 de hauteur, ce qui met à cette altitude le pied de la grue. Le mât a lui-même 24m,40 et la volée oblique ou flèche mesure 22m,87 de longueur, de sorte que chaque grue peut soulever et déplacer les matériaux dans un rayon de plus de 20^{m}.

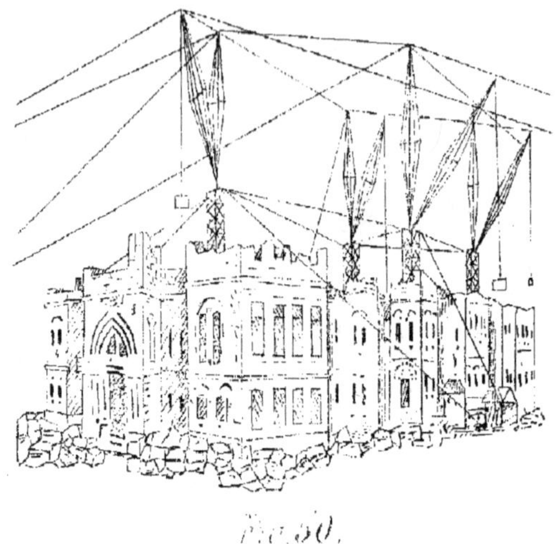

Fig. 50.

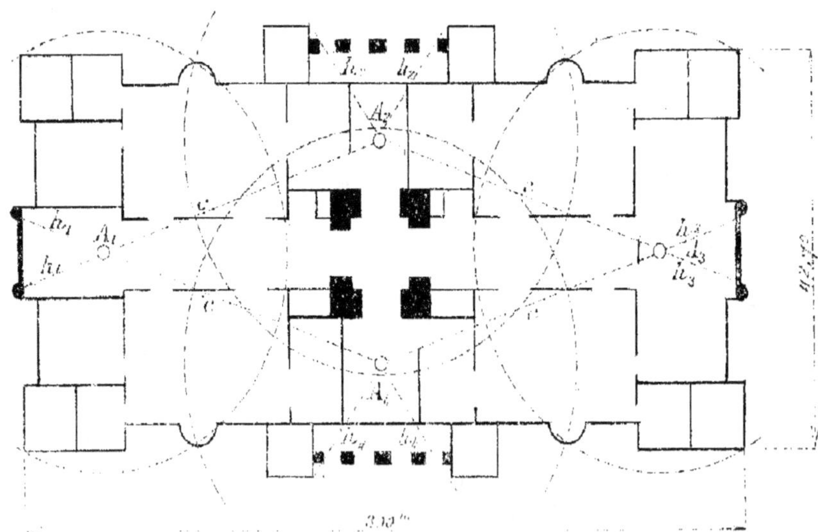

Fig. 51. Emploi des grues à tourelle pour la construction sans échafaudages du Palais de Justice de Salt Lake City (États-Unis). [...]
A_1, A_2, A_3 [illegible] une position [...]
a, d, c, b, h_1 haubans inclinés
c, c, c, c. câbles rattachant les têtes de mâts [...]

Le Palais.

Le Palais de Justice couvrant une superficie de $30^m \times 42^m$, il a suffi d'installer quatre grues semblables pour desservir toute la construction, sans qu'il fût nécessaire de les déplacer à aucun moment, jusqu'à l'achèvement complet des cinq étages.

Les mâts et les volées ont une forme d'égale résistance. Les mâts sont maintenus par des haubans. Les câbles à l'aide desquels on opère le mouvement des mâts et des bras, traversent les pylône et montent dans l'intérieur. On peut également donner les mouvements de rotation directement par la machine du treuil.

Les grues, qui ont une puissance de cinq tonnes, sont néanmoins assez légères. On les démonte aisément en éléments dont la longueur ne dépasse pas $6^m,10$, ce qui permet de les transporter en fourgon fermé.

———————

Chapitre 3 .....

Chapitre II

Des cintres usités dans le bâtiment.

62 — Nous ne parlerons ici que des cintres très-simples employés communément dans la construction du bâtiment.

On sait qu'un cintre comprend un certain nombre de fermes transversales sur lesquelles est cloué un plancher continu ou à claire-voie appelé couchis.

Le couchis est formé de planches étroites de façon à se plier le mieux possible à la forme de douelle ; son épaisseur varie, suivant l'écartement des fermes et le poids de la voûte à construire, entre 0m027 et 0m054.

Dans le cas particulier de voûtes en pierre de taille, le couchis est réduit souvent à un petit nombre de génératrices espacées de façon qu'il y en ait une sous chaque voussoir. Cette disposition permet de vérifier plus aisément les joints de la douelle pendant la pose.

Les fermes de cintre sont placées normalement au berceau et espacées de 1m à 2m suivant leur force et le poids de la voûte. Il y a intérêt, sauf pour les très grandes portées, à adopter des cintres légers où les fermes sont peu espacées.

63 — Par abréviation, nous appliquerons le nom de cintre à la forme qui en est la partie principale et caractéristique.

63.....

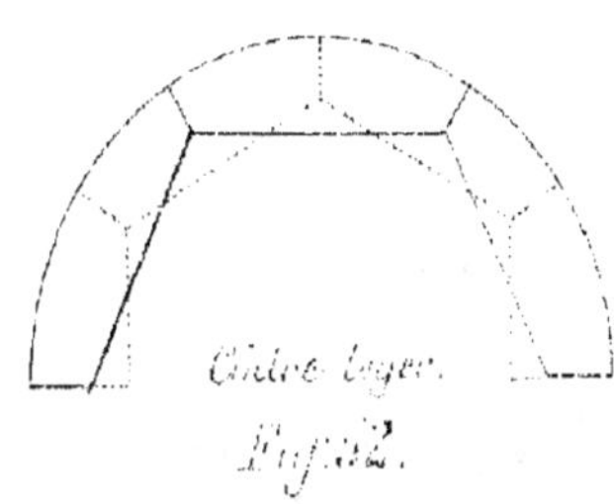

Cintre léger.

Fig. 52.

Cintre léger
sur coins de calage.

Fig. 53.

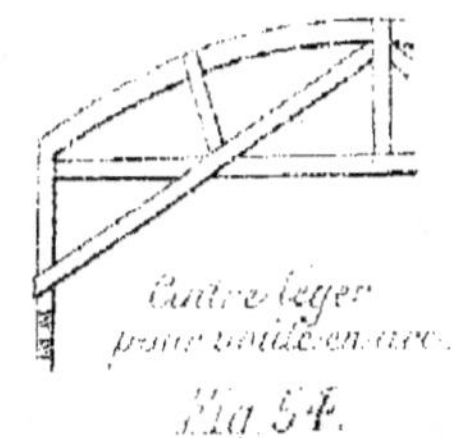

Cintre léger
pour voûte en arc.

Fig. 54.

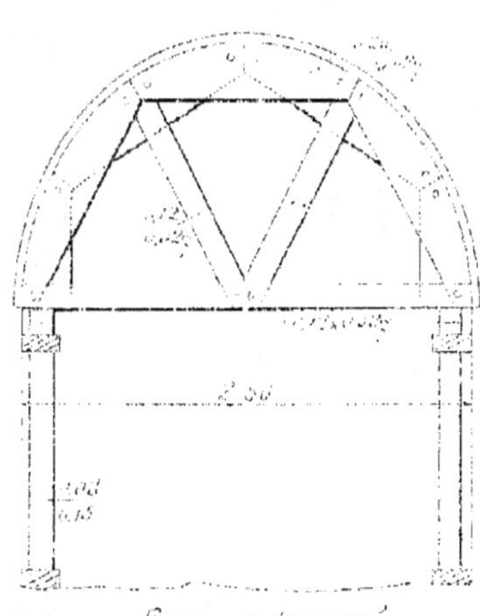

Cintre retroussé
et palement des fermes.

Fig. 55.

64. — Un cintre léger, tels que ceux qui sont le plus usités dans le bâtiment, est formé de 2 ou 3 cours de veaux en planches de 0,027, 0,034 ou 0,041, à joints recroisés comme le représente la figure 52.

65. — On dit que le cintre est retroussé lorsqu'il est soutenu par deux points seulement près des piédroits. Il repose sur des potelets en bois par l'intermédiaire de coins qu'il suffit de chasser pour abaisser le cintre.

66. — S'il y a des points d'appui intermédiaires, on dit que le cintre est fixe. Ce dispositif est plus rigide que le cintre retroussé, mais il encombre le dessous de la voûte en gênant la circulation. En outre, les trois points d'appui peuvent offrir une résistance différente, ce qui provoque des tassements iné-gaux.

67. — Les supports le long des piédroits sont formés: d'une semelle posée sur le sol; d'un certain nombre de poteaux verticaux, et d'un chapeau

réunissant ces poteaux à leur sommet.

C'est sur ce chapeau que porte le cintre par l'intermédiaire de deux coins jumelés, disposés à chacune des extrémités des formes.

Au lieu de coins jumelés, on peut également établir les cintres sur des sacs remplis de sable.

Le décintrage se fait alors en ouvrant le sac et laissant couler le sable.

Les boîtes à sable ne sont guère employées que pour de grandes voûtes peu usitées dans le bâtiment.

Lorsque l'on emploie des cintres légers et ouverts à la corde, plus sujets que les autres aux déformations, on aura soin de monter la maçonnerie bien symétriquement de chaque côté, de manière à charger le cintre également. En outre, aussitôt que la maçonnerie

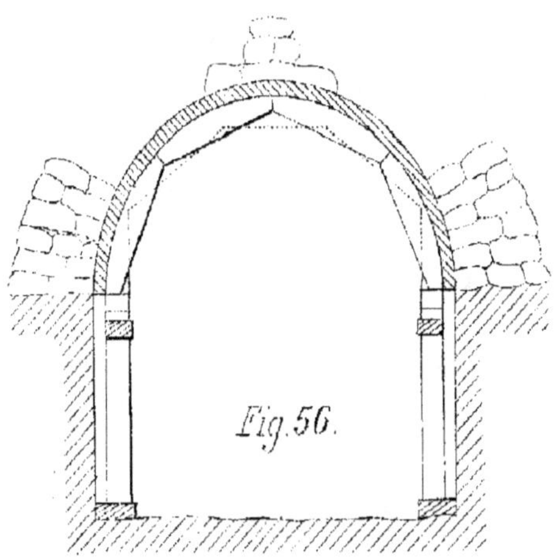

atteint les reins, on charge le cintre au sommet en y déposant une partie des matériaux.

Décintrement. — 68. — Si la durée de la construction de la voûte est assez longue pour que le mortier ait eu le temps de faire prise près des naissances et sur les reins, il convient d'attendre avant de décintrer que la prise soit complète vers la clef, sans quoi on devrait craindre que, les tassements étant plus grands au sommet de la voûte, il se produise des lézardes et des fissures.

Mais dans le cas où toute la voûte a été montée assez rapidement pour que le mortier soit à peu près partout au même degré de prise, il est avantageux d'opérer le décintrement aussitôt la clef posée. Les mouvements qui s'opèrent n'ont d'autre effet que de comprimer uniformément le mortier dans tous les joints et le durcissement se fait sans nouveau tassement après coup.

Dans cette méthode, toutefois, l'abaissement est un peu plus considérable que dans le cas précédent; mais cette flèche n'offre pas d'inconvénient.

69_ Le décintrement doit être fait lentement pour que les voûtes en s'abaissant ne puissent jamais acquérir une certaine vitesse qui pourrait leur faire dépasser la position d'équilibre.

On doit également mener l'opération sur toute la longueur de la voûte afin d'éviter les cassures transversales.

70_ Si les cintres sont posés sur coins, on place un ouvrier à chaque point d'appui et tous frappent en même temps à petits coups pour chasser le coin inférieur qui glisse alors sur le chapeau de support. Il suffit de desserrer les coins de quelques millimètres. La voûte tout d'abord suit le cintre en descendant par l'effet du tassement et l'on doit s'arrêter avant qu'elle ne s'en sépare. On laisse alors la maçonnerie s'appuyer dans cette nouvelle position; puis on recommence à chasser les coins de manière à ce que le mouvement soit régulier et graduel.

Aussitôt qu'un jour apparaît entre la douelle et le couchis, la voûte ne prenant plus appui sur le cintre, on peut enlever celui-ci complètement et aussi rapidement que l'on veut.

Cintre de platebande.

71. — Nous donnons dans la figure 57 un exemple de cintre pour voûte en platebande; en voici les éléments :

c c, poteaux verticaux au nombre de deux au moins sur chaque point d'appui;

b b, sommiers ou chapeaux reliant les poteaux deux à deux transversalement;

a a, coins jumelés;

p, sommiers horizontaux parallèles à la platebande;

d, poutrelles ou conclis à claire-voie.

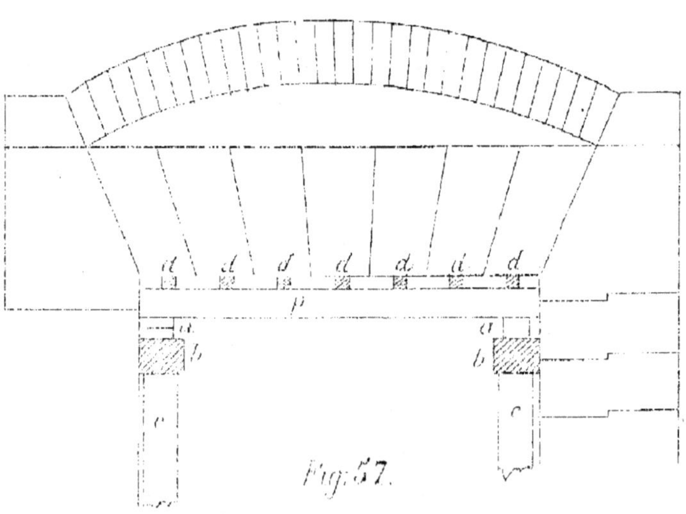

Fig. 57.

Chapitre 5......

Chapitre 5.

Transports horizontaux.

§. 1. — Voies ferrées portatives.

72. — Les voies portatives du type Decauville sont trop connues pour qu'il soit nécessaire d'y insister [1]. Ce matériel est très-léger; il se plie à toutes les exigences d'un chantier où l'on est forcé de changer de place fréquemment, en ripant la voie, sur une plateforme rudimentaire.

Un porteur genre Decauville est formé d'éléments simples.

L'élément de voie courante comprend deux bouts de rails placés parallèlement et reliés à demeure par des traverses d'acier embouti. Il existe, en outre, des éléments de courbe et d'aiguillage, ainsi que des plaques tournantes qui permettent toutes les combinaisons possibles.

L'écartement des rails le plus usité sur les chantiers est celui de 0,^{m}60. Pour un ouvrage très important nécessitant des transports considérables, on pourrait cependant adopter la voie de 0,^{m}75.

Les voies de 1^m ne sont plus à proprement parler légères; elles consistent en éléments séparés: rails et traverses, que l'on monte les uns sur les autres à la manière habituelle des Chemins de fer.

---

[1] Voir le Cours: "Pratique des Travaux", page 72 et suivantes.

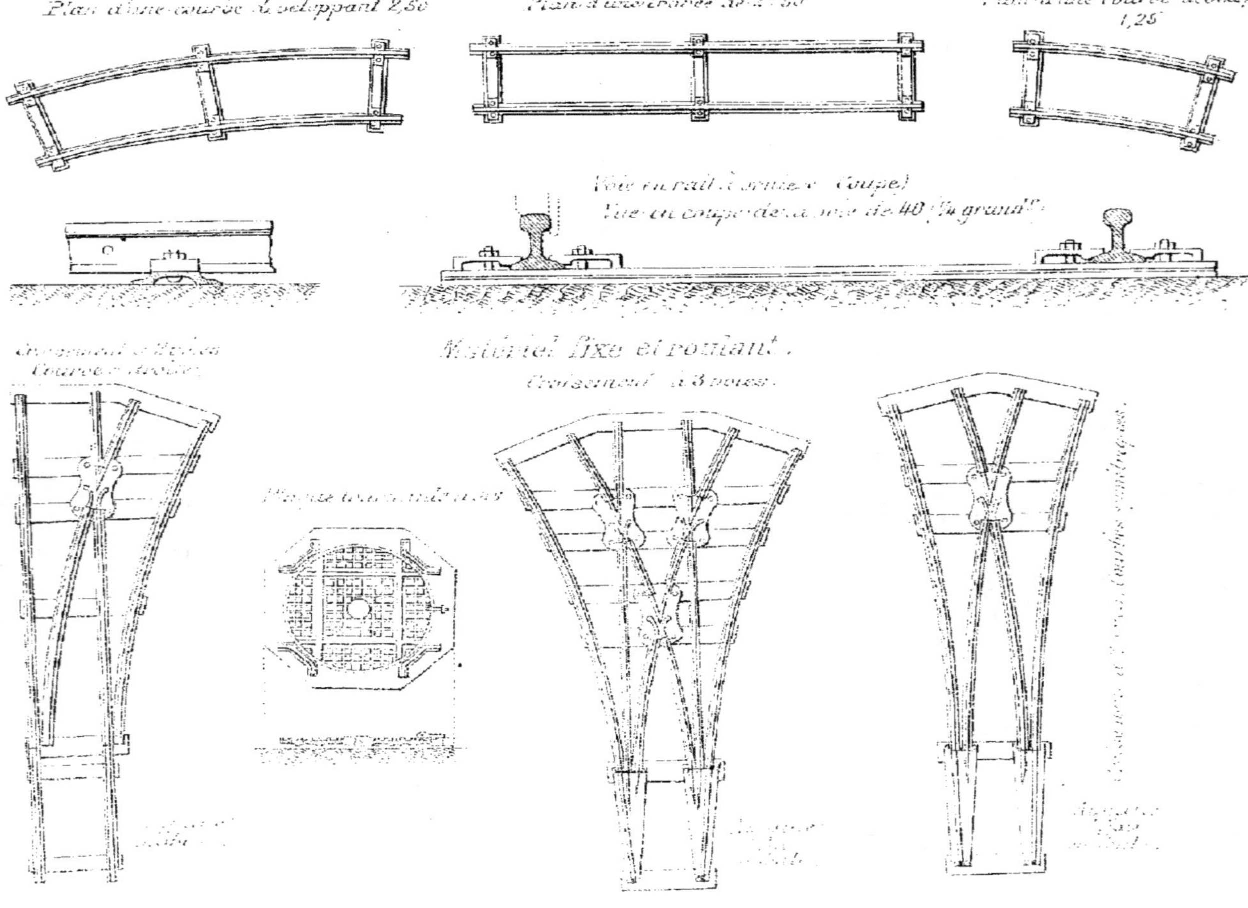

Plan d'une courbe développant 2,50
Plan d'une travée de 2m00
Plan d'une courbe développant 1,25
Voie en rail à ornière (coupe)
Vue en coupe de la voie de 40 % la grand.
Matériel fixe et roulant.
Croisement à 3 voies.
Plaque tournante
44

§ 2 _ Monorail sur le sol (Système Caillet).

73 _ Il a été inventé une foule de monorails aériens, mais très peu de monorails posés sur le sol lui-même.

Nous allons décrire le système Caillet qui nous paraît susceptible de rendre de bons services sur les chantiers, tant par l'économie de traction qu'il procure que par la souplesse de sa pose.

A ce dernier point de vue, l'avantage de ce genre de voie à guide unique sur la voie à deux guides n'est pas douteux. Même en renonçant à la traction mécanique, une voie à deux rails nécessite une plateforme dressée suffisamment pour que les rails ne soient point dénivelés transversalement. Cette préoccupation n'existe plus s'il n'y a plus qu'un rail.

Voyons donc en quoi consiste le monorail Caillet et le mode de traction qu'il comporte.

Le Guide _ 74 _ Le rail est en acier du type Vignole; son poids suivant les applications peut varier de $4^{k},500$ à $9^{k},500$ le mètre courant. On peut même aller jusqu'à des rails de 15^{k} et au-delà.

L'élément normal est de 5^{m}. Le matériel doit comprendre aussi des demi-éléments de $2^{m},50$ et des quarts d'élément de $1^{m},25$.

Traverse _ 75 _ La traverse est une simple semelle métallique rectangulaire renforcée sur les quatre côtés. Elle présente sur sa partie plane deux agrafes pour permettre le passage du patin du rail et deux trous destinés à recevoir: l'un le boulon de calage, l'autre un tire-fond s'il est nécessaire.

Pour le rail de 11ᵏ,500, la traverse mesure 200 m/m × 100 m/m ou 250 m/m × 150 m/m, suivant que le terrain est plus ou moins résistant.

Le nombre de traverses varie aussi suivant la résistance du sol; on en place 3, 4, 5 ou 6 sous un rail de 5 m.

Éclisse. —

76. — Les rails consécutifs sont reliés entre eux par une éclisse.

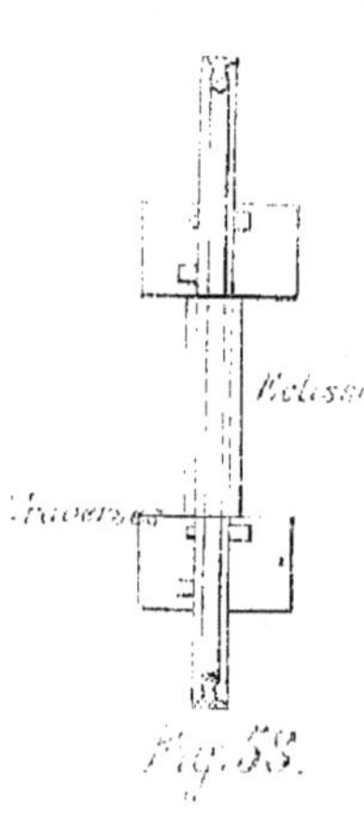

C'est un fourreau épousant la forme du rail.

Sa longueur est de 160 m/m pour le matériel courant.

Elle ne comporte ni boulon, ni clavette et ne nécessite par conséquent aucun trou dans le rail.

Courbes.
Changement
de Direction. —

77. — Des éléments courbes complètent ce matériel de voie. Rayon minimum: 4 m pour les types de véhicules les plus faibles; 8 m pour les plus puissants.

Il existe aussi des pièces spéciales pour changement de voie, bifurquant, croisement.

Fig. 59 à 62 ......

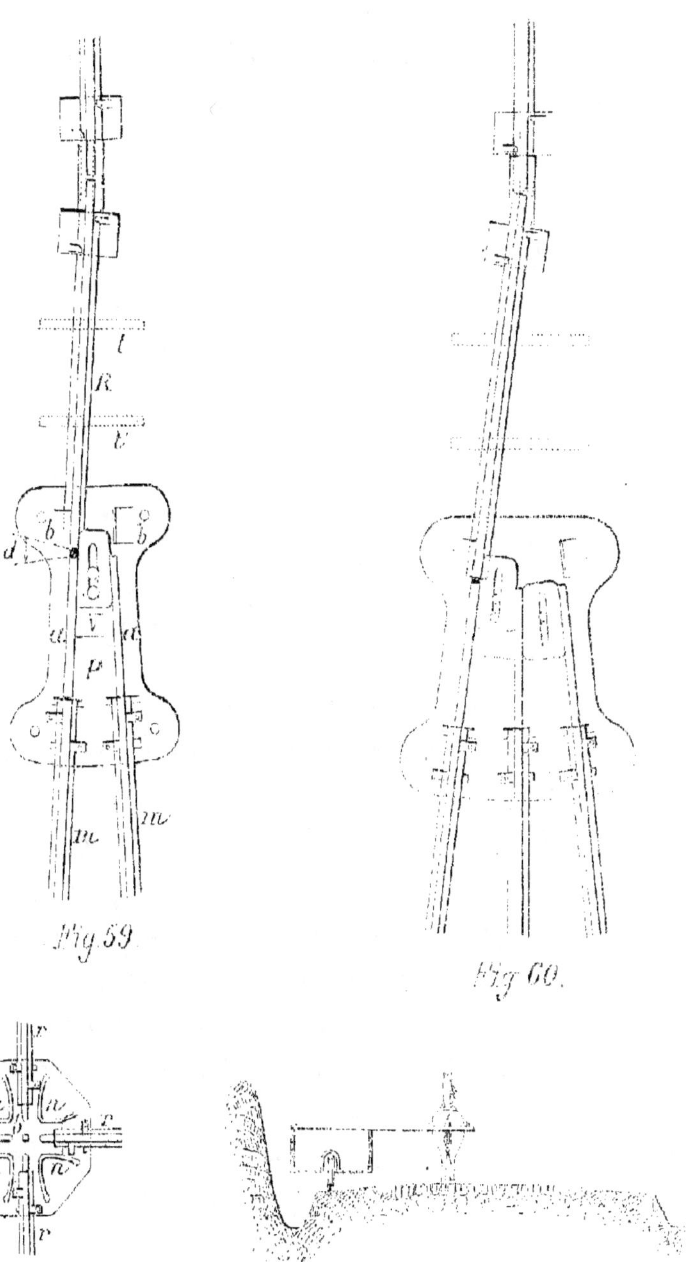

Fig. 59.

Fig. 60.

Fig. 61.

Fig. 62.

Véhicules. — Le rail de 4,^{k}500 permet la circulation de bicycles de 200 à 750^{k} de charge utile. L'emploi de bicycles-trucs à boggies permet de porter la charge utile à 1500^{k}. Ces divers véhicules sont mus à bras d'hommes.

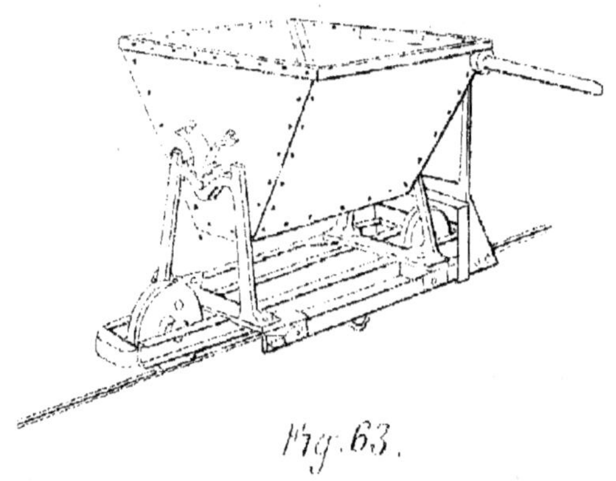

Fig. 63.

On peut appliquer la traction animale et accroître la charge utile sur des voies pesant 7 kil. le mètre courant et au-dessus.

78. — En principe, un wagonnet comprend un châssis monté sur deux roues à gorge disposées en tête et en queue. Les boggies sont de petits chariots à deux roues très-rapprochées. Le châssis ou truc est alors monté sur ces boggies au moyen de chevilles ouvrières qui rendent indépendant le mouvement de chaque organe.

La traction se fait sur le côté par l'intermédiaire d'un bras en bois de frêne ou en tube de fer fixé horizontalement à une hauteur convenable, sensiblement à la hauteur de l'homme qui peut ainsi aisément traîner 300 kg.

79 — Dans le cas de la traction animale, le véhicule est muni de bras à l'avant et à l'arrière, entre lesquels est attelé le cheval, marchant ainsi sur le flanc du wagon. On peut alors former un train composé de plusieurs wagons jusqu'à la charge complète de l'animal, 1000 à 2000 ^{k} suivant sa force et sur rampe de 50 ‰ à la vitesse de 1 ^{m} par seconde.

§. 3. — Plans inclinés.

80. — Un plan incliné pour le transport des matériaux consiste en une voie ferrée posée suivant la pente du terrain. Les wagons sont entraînés par un câble métallique enroulé à la partie supérieure du plan incliné (ou recette supérieure) sur un tambour actionné par un moteur quelconque.

Le câble métallique servant à la traction peut être installé de deux manières :

Câble sans fin. — 81. a) Dans le premier cas, c'est un câble sans fin qui passe aux deux recettes sur la gorge de larges poulies horizontales ; il tourne d'une manière continue et toujours dans le même sens. Les wagons pleins sont accrochés au brin montant sans arrêter le mouvement ; les wagons vides sont, au contraire, accrochés au brin descendant. Le mécanisme d'accrochage est disposé de telle sorte que le désembrayage se fasse automatiquement au moment où le wagon atteint le palier d'arrivée.

82. — Les poulies ont au moins 2^m de diamètre, afin que les wagons montants et descendants puissent passer côte à côte sans se toucher. Elles sont en fonte à gorge simple ou double, garnie intérieurement de bois ou de cuir pour augmenter l'adhérence. Dans le même but, la poulie motrice est à double gorge et les deux brins, après un enroulement complet, se dégagent et vont passer sur une poulie supplémentaire plus petite, suivant l'une des deux dispositions représentées sur la fig. 64.

Dans la seconde, A et B sont des galets de tension.

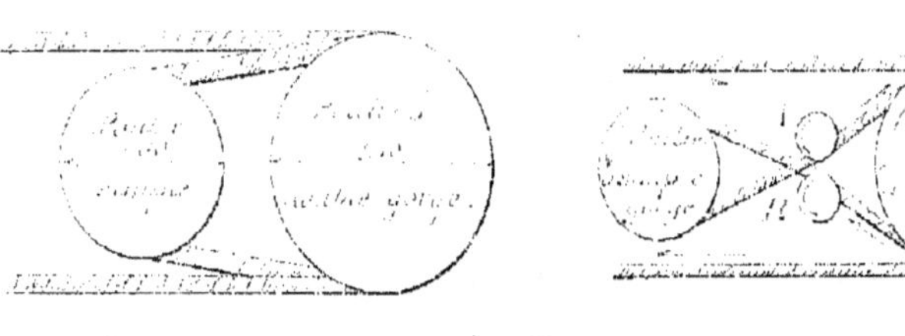

Fig. 64.

On peut également obtenir une plus grande adhérence par l'emploi de poulies à mâchoires de différents types.

83. — À l'autre extrémité du plan incliné, la seconde poulie est montée sur un truc ou chariot tendeur, et la tension est donnée par un contre-poids P qui la maintient constante.

Fig. 65. Chariot tendeur.

51.

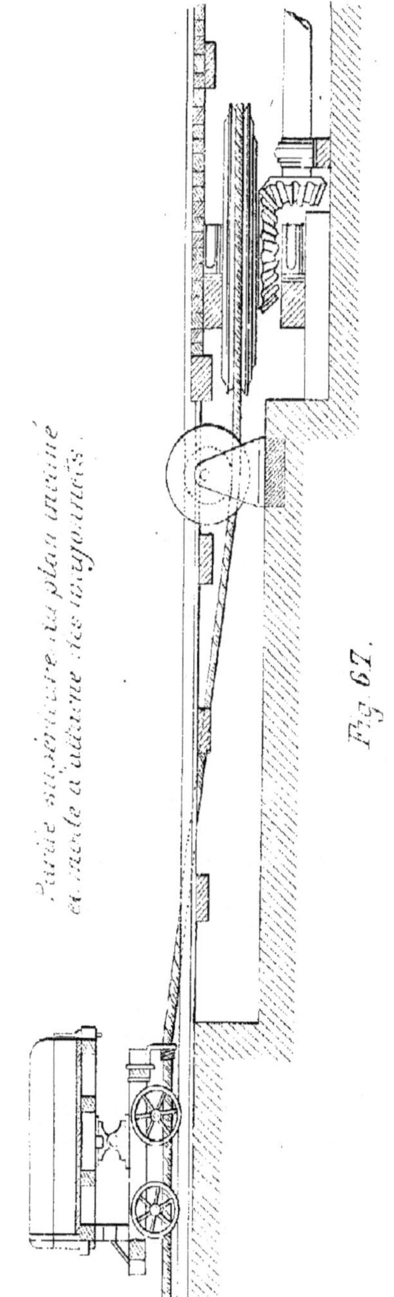

84. — Le câble
est fractionné en élé-
ments de longueur conve-
nable que l'on réduit en-
tre eux au moyen des
<u>lâches</u>; ce sont des
douilles en fer forgé, qui
servent à la fois à re-
lier les bouts de câble
et à accrocher les wa-
gons; dans ce but,
l'une des douilles est
munie d'une bague sail-
lante qui vient butter
sur les bords d'une
œillère fixée elle-même
au châssis du wagon
et dans laquelle on
engage le câble.

85 – L'emploi du câble continu présente trois avantages :

1° – une plus grande rapidité de manœuvres ;

2° – une plus grande flexibilité de la voie, car les contre-pentes et les courbes même y sont admissibles ;

3° – l'application de la force motrice aussi bien au point haut qu'au point bas.

Son inconvénient est d'exiger une grande longueur de câble et une voie double sur toute la longueur.

Câble en va-et-vient.

86. – b) – Ce double inconvénient fait adopter plus généralement un câble à 2 brins, montant et descendant alternativement.

Le moteur est placé à la recette supérieure, où il actionne un tambour sur lequel le câble fait plusieurs tours pour lui assurer plus d'adhérence.

Le plan incliné doit être à peu près rectiligne, avec une pente régulière et uniforme ou légèrement parabolique. Le haut du plan incliné doit être un peu plus élevé que les différents points du chantier sur lesquels les wagons sont alors dirigés par leur propre poids.

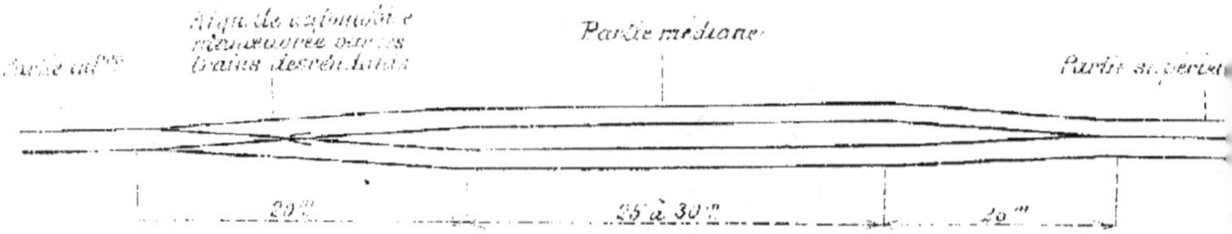

Fig. 68. Disposition des Voies.

87. — On établit une seule voie, sauf dans la partie médiane, où se croisent les wagons et où l'on dédouble la voie.

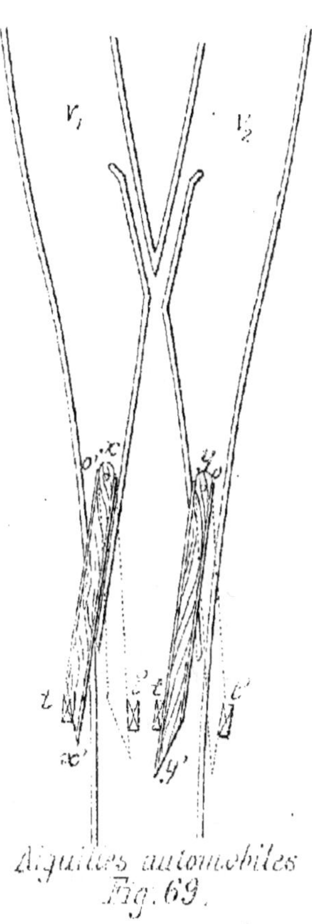

Aiguilles automobiles
Fig. 69.

88. — Le tambour à grand diamètre (plus de 2^m) est formé d'un bâti de fonte avec des douves de chêne.

89. — Le câble est calculé d'après la méthode que nous indiquerons plus loin à propos des transporteurs funiculaires aériens. Pour faciliter son mouvement, on dispose le long de la voie, de distance en distance (de 6 à 10^m d'intervalle) quelques rouleaux en bois dur avec axe en fer, ayant $0,25$ à $0,30$ de longueur et $0,08$ à $0,12$ de diamètre.

90. — En désignant par α la pente moyenne du plan incliné,
par P le poids net transporté,
P' le poids mort de chaque train,
p le poids du m. courant de câble et l sa longueur,
f le coefficient de frottement des wagons sur les rails
et des câbles sur les rouleaux et poulies, la formule du travail

moteur est :

$$T = (P + pl) \sin \alpha + f \cos \alpha \, (P + 2P' + pl)$$

Si la vitesse maximum est de 2^m par seconde, la force nominale de la machine motrice sera, en chevaux :

$$F = \frac{2T}{75}$$

Si la voie est bien établie, on prendra :

$$f = 0,005 \ (5 \text{ kilos par tonne}).$$

Transmission. — 91 — La transmission peut se faire en engrenant directement la roue dentée du tambour avec un pignon fixé sur l'arbre de la machine. On peut également adopter une transmission par courroie.

Plans automoteurs. 92. — Le plan incliné est dit <u>automoteur</u> lorsque le wagon descendant est plus lourdement chargé que le wagon montant et peut à lui seul déterminer le mouvement.

Ce résultat est naturellement atteint, s'il s'agit de faire descendre les matériaux d'une carrière, par exemple.

Dans le cas général, on peut encore établir un plan automoteur pour l'ascension de matériaux, si l'on dispose d'une quantité d'eau suffisante ; on munira alors les wagons de caisses à eau qu'on remplira pour la descente et que l'on videra au bas de la course.

§ II. — Système monorail aérien rigide (Armand et Koch).

93 — « Nous allons décrire en quelques mots un système de monorail aérien rigide, dont l'organisation se prête à des installations permanentes d'usine, mieux sans doute qu'à des installations provisoires de chantiers; mais les principes qui ont servi de base à son établissement peuvent être utilement appliqués dans d'autres circonstances, et le système lui-même peut être employé avec profit dans un grand nombre de cas. Il nous a donc paru utile de le mentionner ici.

Ce système est dû à MM. Armand et Koch, Ingénieurs-Constructeurs à Nancy. Il permet d'adopter les tracés les plus compliqués, grâce à un dispositif de chariot susceptible d'évoluer dans une courbe de rayon excessivement réduit ($0,^m15$), c'est-à-dire presque à angle droit. Le mode d'attelage sur un câble sans fin permet l'arrêt et l'embrayage faciles en cours de route; la benne elle-même est combinée pour un déchargement automatique au point fixé d'avance, en sorte que la main-d'œuvre est réduite au minimum.

94 — En principe, le monorail dont il s'agit constitue un circuit fermé composé d'un rail d'acier profilé supporté par des pylônes ou par des chaises placées en encorbellement sur les murs, suivant les cas.

Un câble sans fin sert à la traction et suit par conséquent le même trajet à peu de distance au-dessus du rail; ce câble, dans les changements de direction, est guidé par la gorge de poulies horizontales. Il s'engage, pour l'embrayage, dans l'échancrure d'une pièce d'amarrage fixée sur le chariot.

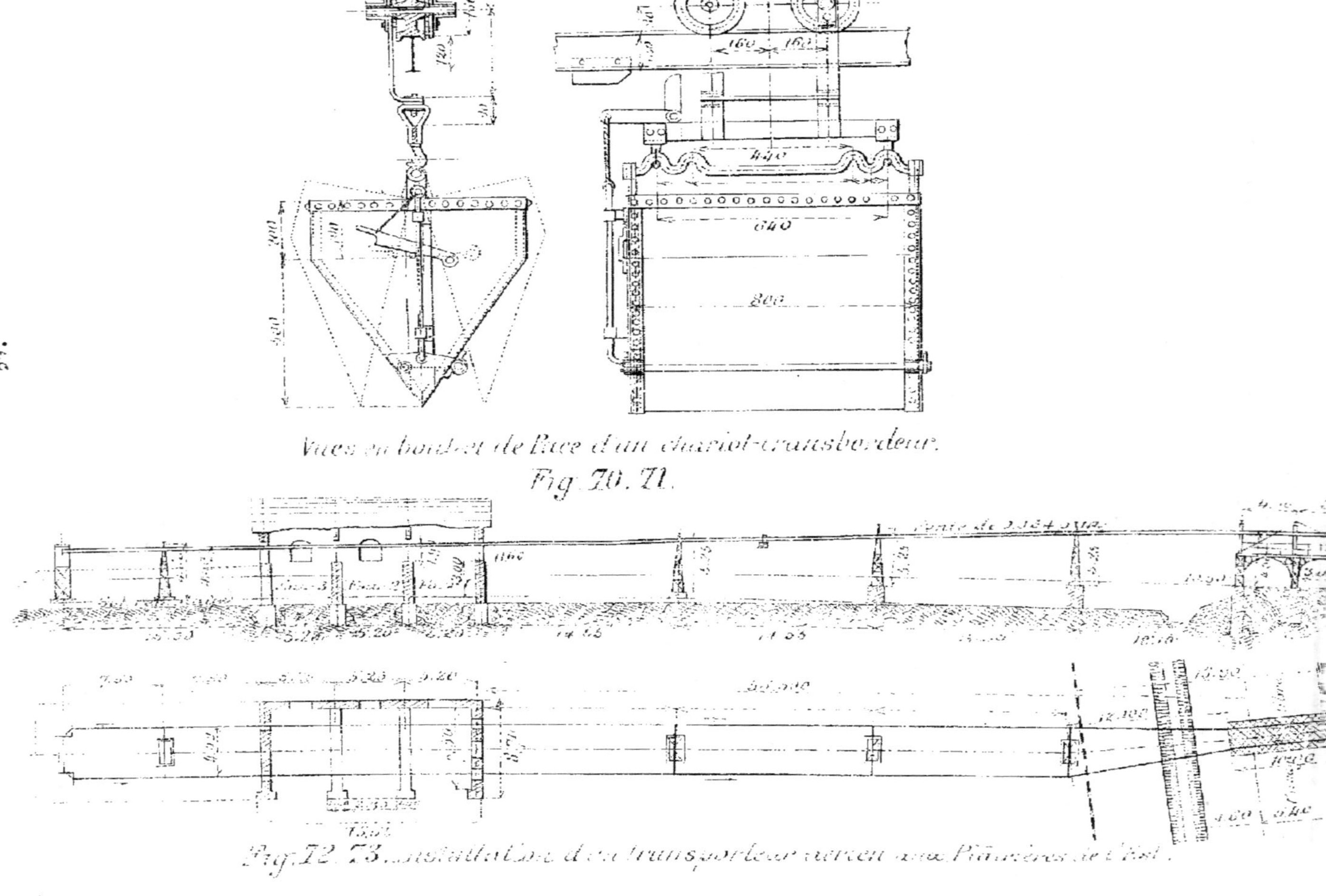

Vues en bout et de face d'un chariot-transbordeur.
Fig. 70. 71.
Fig. 72. 73. Installation d'un transporteur aérien aux Planières de l'Est.

95 — Le chariot (fig. 70 et 71) est composé de deux galets à gorge de 0,16 de diamètre, disposés en tandem dans un bâti métallique. Les deux chapes des galets peuvent, d'ailleurs, tourner respectivement autour des boulons qui les relient aux deux traverses longitudinales, supérieure et inférieure, ce qui permet aux galets eux-mêmes de s'inscrire dans les courbes du plus faible rayon. A l'aplomb de chaque galet, le bâti se termine par un crochet pour l'attache de la benne.

96. — La benne peut varier de forme, suivant les matériaux à transporter. Lorsqu'il s'agit de matières meubles ou fragmentées, on peut assurer le transport et le déchargement automatique au moyen du dispositif suivant :

La benne est composée de deux moitiés cylindriques dont le joint est situé dans le plan vertical de symétrie, et qui peuvent s'écarter en tournant autour d'un axe commun situé à la partie supérieure.

La fermeture est assurée par un loqueteau B, placée sur chaque face latérale et articulé sur une tige verticale C. Un second loqueteau D, dont nous verrons le rôle tout à l'heure, repose librement sur un petit tourillon F, en saillie sur la paroi latérale de la caisse ; ce second loqueteau est relié à la tige C, par une chaînette.

97 — Le déchargement automatique est provoqué par le choc du levier coudé contre un heurtoir facile à fixer sur le rail au point voulu, à l'aide de deux vis à oreilles. Le chariot continuant sa course, le levier G est repoussé et tourne sur son axe ; sa seconde branche soulève la tige C et relève le loqueteau B. Les demi-bennes n'étant plus maintenues, s'écartent

l'une de l'autre par l'effet même de la pesanteur des matériaux transportés qui s'échappent par l'ouverture ainsi produite, en même temps que l'échancrure du loqueteau D vient buter contre le tourillon correspondant, et caler la benne dans la position ouverte jusqu'à complet déchargement. Pendant cette opération, le chariot parcourt une faible distance, 1ᵐ généralement, au bout de laquelle un second heurtoir fixé au rail rencontre le levier coudé. L'effet produit est l'inverse du premier: le loqueteau D se soulève; les deux demi-bennes complètement vides, retombent l'une sur l'autre et le loqueteau B les crochète à nouveau. La benne continue sa course et revient au point de départ en état pour un nouveau chargement.

98. — Dans l'installation que représentent nos figures, les pylônes en fer ont 5ᵐ,25 de hauteur et sont scellés sur des massifs en maçonnerie à un écartement d'environ 15ᵐ les uns des autres. Ils supportent des rails d'acier I de 120 m/m de hauteur formant un circuit continu de 200ᵐ. Les appareils de déchargement sont suffisants pour la manutention de 120 bennes à l'heure, ce qui correspond au transport d'environ 500ᵐ cubes de matériaux divers dans la journée.

Chapitre VI....

Chapitre VI.

Transports horizontaux (Suite).

Transports aériens funiculaires.

§.1. Types généraux.

99. — Les transporteurs aériens funiculaires se substituent avantageusement aux plans inclinés ordinaires lorsque le profil du terrain est mouvementé et surtout quand la pente générale dépasse 35°.

Ces transporteurs peuvent se diviser en deux classes ainsi caractérisées :

1° — Câbles porteurs et câble tracteur indépendants ;

2° — Câble unique, à la fois porteur et tracteur.

Transporteur à câbles indépendants. 100 — Les deux câbles porteurs fixes et distants d'au moins 2 mètres l'un de l'autre, sont tendus aux deux recettes et supportés dans l'intervalle, si la distance est trop grande, par des poulies à gorge a de 1ᵐ à 1ᵐ30 de diamètre, fixées à l'extrémité du chapeau de chevalets (chevrettes ou cabrettes) espacées de 100ᵐ à 250ᵐ au maximum.

Et chacune de leurs extrémités, les câbles M sont enroulés sur un treuil qui permet de leur donner une tension convenable et, aussi de changer fréquemment les points de contact C des câbles avec les poulies, pour éviter en ces points l'oxydation et l'usure rapide.

La chevrette fixe peut être remplacée par un support oscillant autour de sa base et dont le sommet suit le câble dans son mouvement.

101 _ La figure 74 suffit à indiquer le dispositif qui permet aux bennes de circuler au droit des chevrettes sans s'y heurter. Elle montre en même temps le

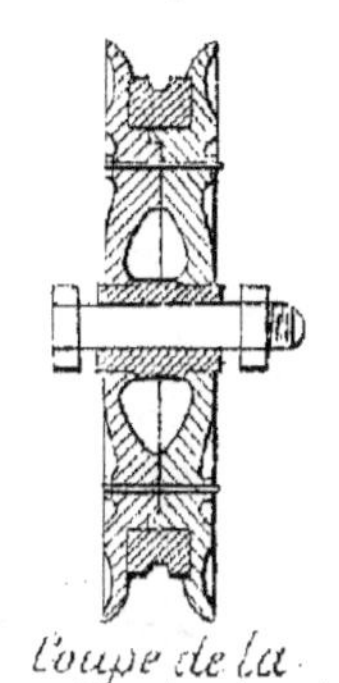

Coupe de la
poulie du chariot.
Fig. 75.

mode de suspension du chariot dd
de la benne; la figure suivante donne
un détail des galets.

Dans ce système, le chariot et la
benne font partie d'un quadrilatère
articulé, et la benne ne reste pas
constamment horizontale, sa position
variant avec l'inclinaison du chariot, suivant la portion du câble
sur laquelle il se trouve. Bien que la
variation de niveau ne soit pas
très grande de part et d'autre de la position moyenne, il est
préférable d'adopter un mode de suspension pendulaire, tel
qu'on en trouvera ci-après un exemple. (fig. 78).

La benne, dans le système que nous décrivons, est ratta-
chée au câble tracteur par l'intermédiaire d'une barre d'attelage i fixée sur la tige de suspension arrière par une goupille.

102 — Si le câble tracteur est sans fin et animé d'un
mouvement continu, il est nécessaire que la benne puisse
s'accrocher à un moment quelconque et se décrocher en arri-
vant à la recette. La figure 78 indique un dispositif de ce
genre, où la benne est suspendue au chariot par un simple tourillon, autour duquel tout le système peut osciller en
se plaçant toujours sur la verticale. L'accrochage se fait
par griffe ou par friction; la figure donne un exemple d'embrayage à friction (système Teste de Lyon), où le serrage est
proportionnel à la pente du porteur.

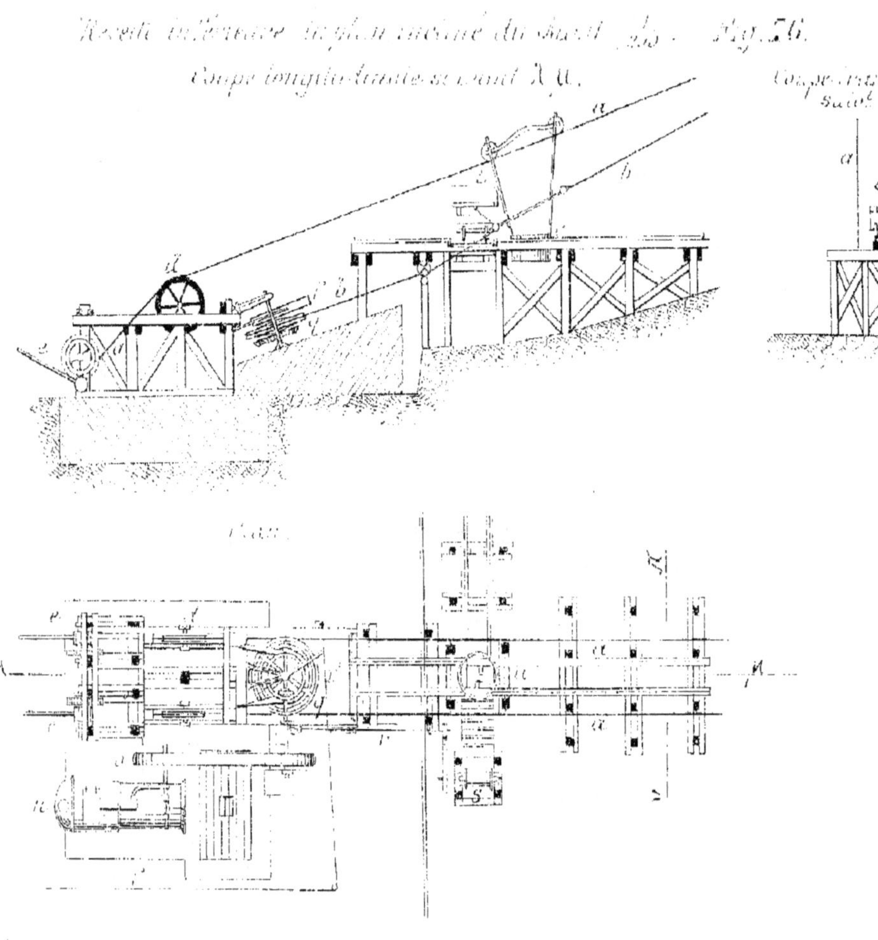

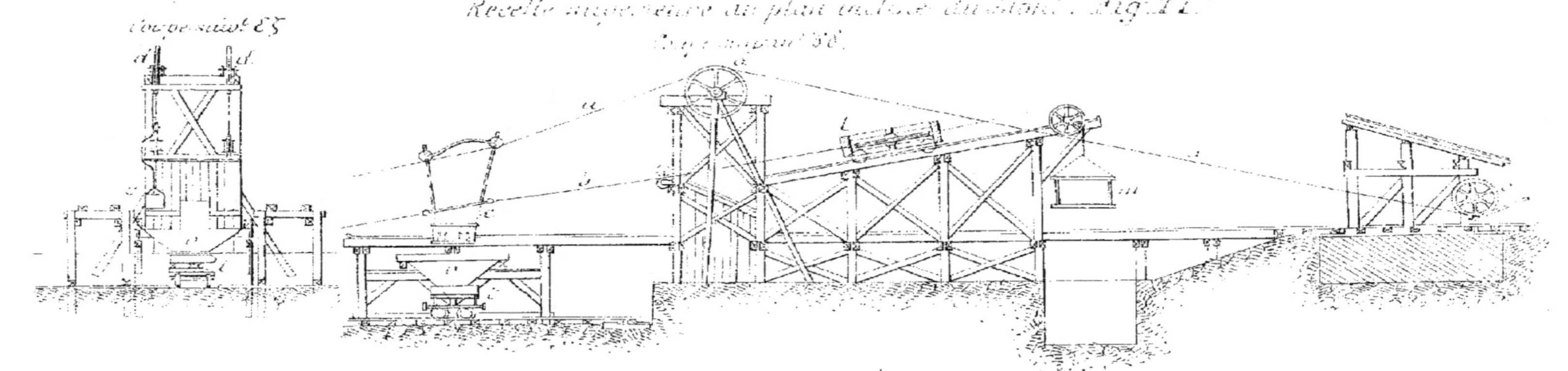

Recette supérieure du plan incliné du bland. Fig. 77
Coupe suivant 98.
Coupe suivant 85
Plan.

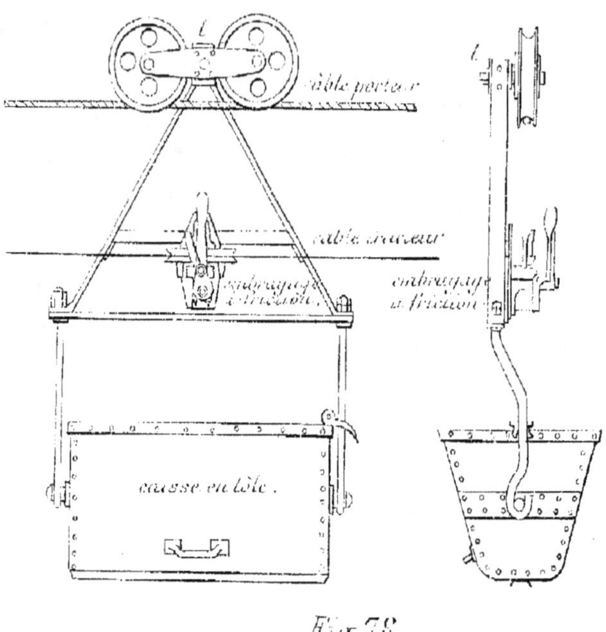

Fig. 78.

Observation. —   103. — Les résistances passives, qui tiennent au défaut de rigidité de la voie, au poids mort considérable du câble tracteur à mettre en mouvement, absorbent une grande partie de la force de la machine et le travail utile ne s'élève pas (du moins dans l'exemple choisi) à plus de 35 % du travail fourni.

Exemple   104. — Le porteur aérien employé au fort du Mont
d'application   (Albertville) et dont nous venons de donner des croquis,
(câbles indépendants).   était caractérisé par les éléments suivants:

Câble porteur .....

Câble porteur, longueur totale 1800 ^{m}, en fils d'acier avec âme en fils de fer doux; diamètre 0,026, pouvant supporter une tension de 30.000 kilog.

Force motrice : .... 30 chevaux.

Dépense d'installation, y compris l'intérêt des capitaux

    pendant 3 ans : .... 104.000 francs.

Tonnage à transporter : .... 24.000 tonnes.

Économie réalisée sur le roulage ordinaire : ..... 12 ^{f} par tonne.

Porteur aérien à câble unique ou câble noria.

105.—b). — Les porteurs aériens de cette catégorie comprennent un câble sans fin animé d'un mouvement de translation régulière. Les charges lui sont suspendues par l'intermédiaire de sabots en bois; le seul poids de la charge suffisant à assurer l'adhérence.

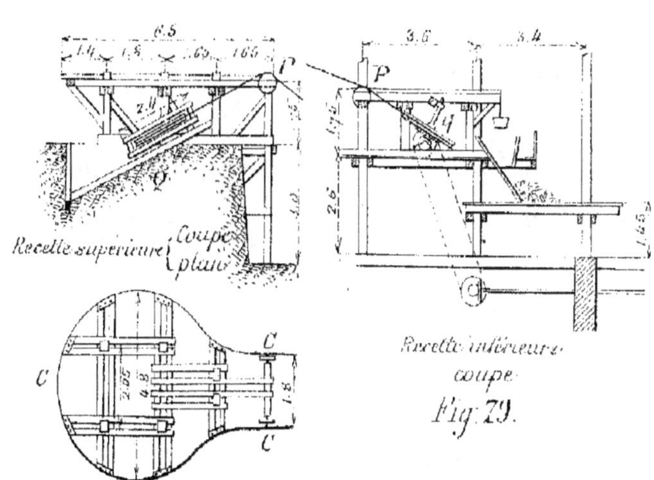

Fig. 79.

L'installation exécutée par la Maison Brenier et Neyret, de Grenoble, pour l'exploitation des carrières de la Maison Vicat en offre un exemple remarquable.

Cette application a tous les caractères d'une installation permanente et nous nous bornerons à signaler que le câble sans fin est reçu à ses extrémités par des poulies croupières P qui le renvoient sous une inclinaison de 20 à 25° à des poulies d'enroulement Q placées de plat un peu en contre-bas.

§. 2. — Transporteur aérien démontable
(Système A. Boudon.)

106 — L'expérience est faite déjà depuis longtemps, des installations funiculaires établies dans des conditions de demi-permanence; mais il est intéressant, au point de vue de l'organisation des chantiers, de voir s'il ne serait pas possible de modifier le matériel en lui donnant tous les caractères de légèreté et de facile montage que comportent des installations essentiellement provisoires.

C'est à quoi répond le système inventé par M. A. Boudon, Ingénieur des Arts et Manufactures.

107 — Il se compose essentiellement : d'un câble porteur très résistant, en acier au creuset; d'un câble tracteur, sans fin, également en acier; des pylônes d'appui, en nombre suffisant; et, enfin, des chariots destinés à rouler sur le câble porteur et à chacun desquels on suspend une benne.

108.— Les pylônes intermédiaires (fig. 80) sont à deux pieds (P_1, P_2) formés, chacun, de deux tubes, se prolongeant à emmanchement télescopique. Le tube intérieur se termine, à sa partie inférieure, par une pointe d'ancrage qui s'enfonce dans le sol; il porte en outre, régulièrement répartis sur sa longueur, une série de trous, dans lesquels on peut engager un goujon-clavette qui permet de solidariser les deux tubes dans la position déterminée que nécessitent la hauteur de la ligne et le profil du terrain. Les tubes extérieurs formant la tête des deux pieds du pylône sont articulés à charnière, et, sur le même axe s'articule également une sorte d'aiguille pendante tubulaire A destinée à supporter les câbles; l'organe de support est un sabot en fonte S pour le câble porteur et des galets à gorge G_1, G_2 pour les deux brins superposés du câble tracteur.

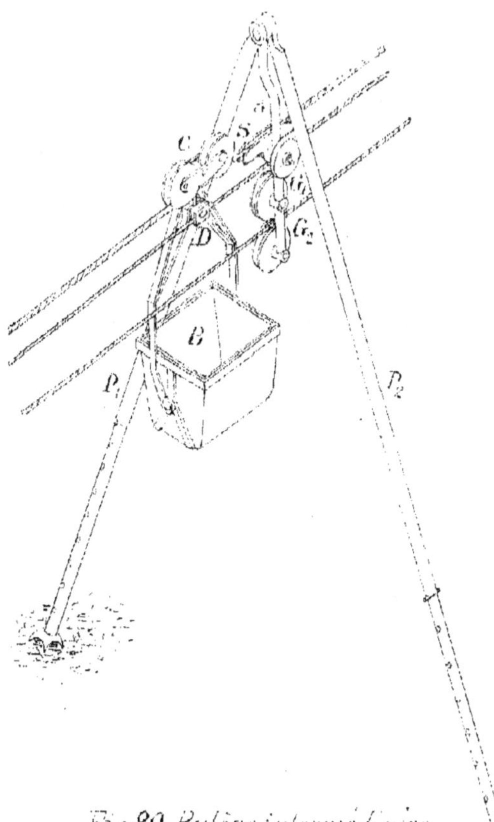

Fig. 80. Pylône intermédiaire.

109.....

109. — Les pylônes extrêmes (fig. 81) sont un peu plus compliqués : ce sont des trépieds dont deux des pieds P_1, P_2, placés symétriquement par rapport au plan vertical des câbles, sont analogues aux précédents, et dont le troisième pied P_3, placé en retraite dans le même plan vertical, est formé de deux doubles tubes télescopiques, parallèles et jumelés.

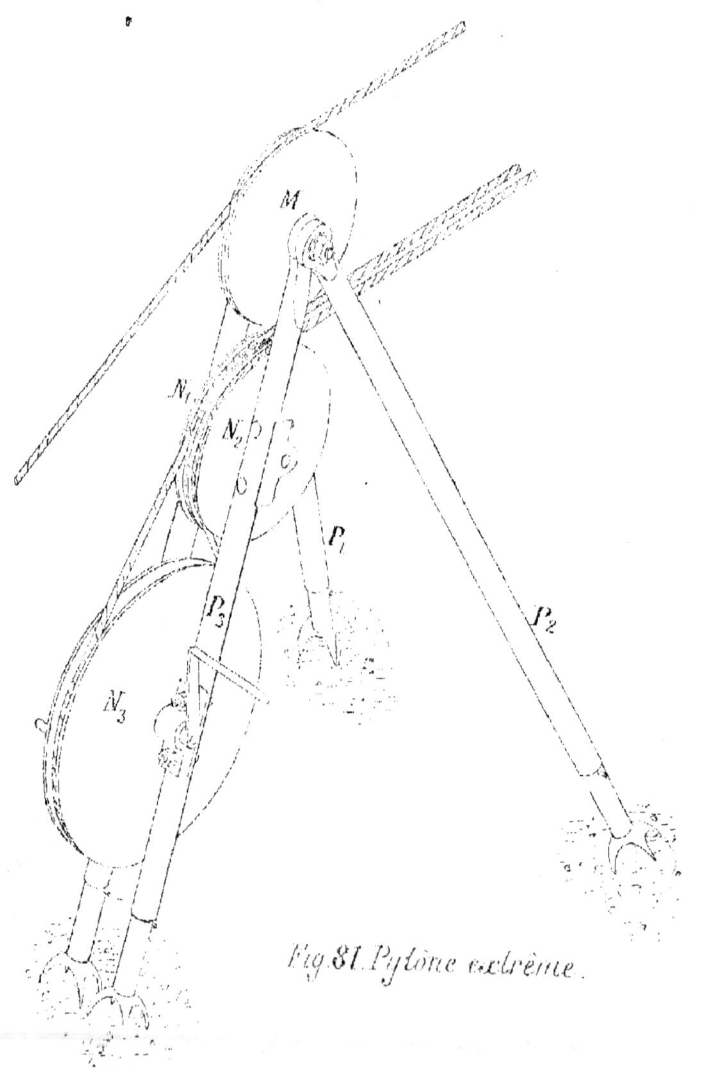

Fig. 81. Pylône extrême.

La ...

La base d'appui sur le sol est ainsi trapézoïdale. L'articulation supérieure comporte une molette M sur laquelle vient s'appuyer le câble porteur qui se prolonge comme un hauban vers l'arrière et vient s'attacher à des pieux en bois ou en fer solidement ancrés dans le sol; des poulies moufflées permettent de tendre convenablement le câble.

Pour supporter et faire mouvoir le câble tracteur, on a disposé, entre les deux tubes jumeaux du pied arrière, un train de trois poulies à gorge : les deux poulies supérieures N_1, N_2, de même diamètre, sont montées sur le même axe ; chacune d'elles supporte un des brins du câble qui vient s'enrouler ensuite sur la poulie inférieure N_3, d'un diamètre plus grand ; cette poulie, calée sur l'arbre d'une double manivelle, remplit l'office de poulie motrice de ce petit treuil très-simple.

110. —— Le chariot C (figure 80) est formé de deux roues à gorge, équipées en tandem et réunies par deux flasques en tôle d'acier, entre lesquels s'articule la suspension en fer forgé, rejetée sur le côté pour échapper les poulies servant de guides aux câbles. La suspension comporte deux branches qui, par leurs extrémités inférieures, supportent les tourillons de la benne B. Un taquet ou verrou maintient celle-ci dans sa position normale ; il suffit de dégager ce verrou pour que la benne, par suite d'une certaine excentricité de sa suspension, bascule et se vide automatiquement. L'accrochage au câble tracteur se fait au moyen d'une pince qui vient serrer le câble sans pouvoir glisser.

Les figures 82 et 83 donnent un exemple d'application de ce transporteur aérien démontable.

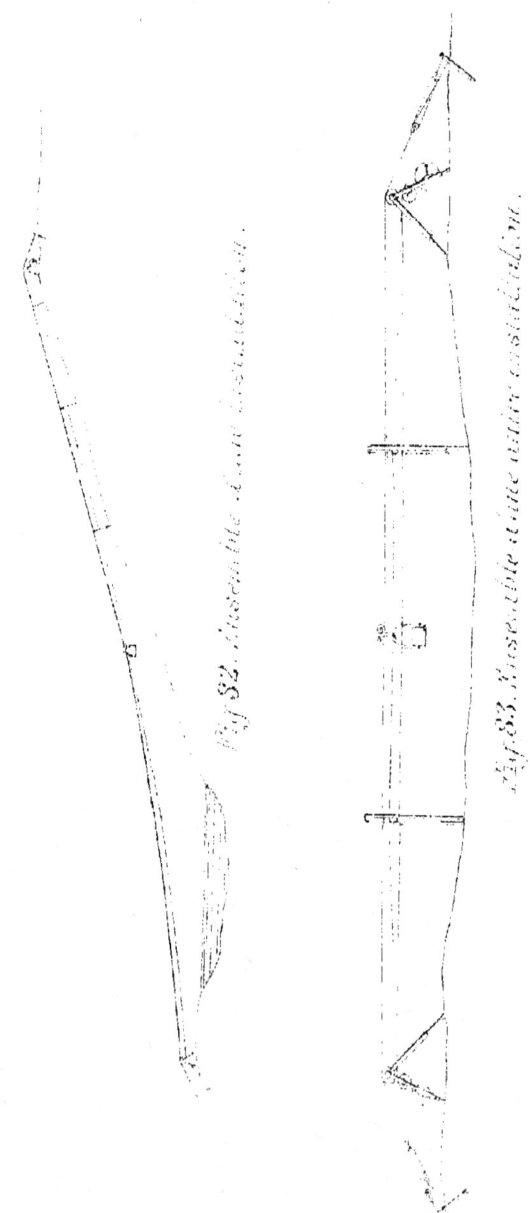

III .....

111. — Le poids d'un pylône extrême est de 375 ^{kg} environ; celui du pylône intermédiaire ne dépasse pas 250 kg. Les pylônes, pliés après télescopage, peuvent se ramener, pour le transport à de très faibles dimensions.

Ni la longueur de la ligne, ni le tonnage de transport ne sont limités dans une installation de cette nature; mais, afin de fixer les idées, sur un cas concret, nous tablerons sur une distance de 500 ^{m} entre les stations, sans appui intermédiaire; avec une pente de 30 p. 100 et une charge utile ascendante de 200 kg.

Les câbles porteurs ont, dans ce cas, un diamètre de 14 ^{mm}, en acier fondu au creuset, et de 145 kg. par millimètre carré de résistance à la rupture, avec âme en chanvre. Ces câbles pèsent 710 gr. au mètre courant et sont fournis en divers tronçons, avec des joints d'extrémités en acier susceptibles d'être rapidement rattachés. Le coefficient de sécurité du câble est égal à 4. La longueur est de 550 ^{m} pour une portée utile de 500 ^{m}.

Le câble tracteur, constitué d'une façon analogue, a un coefficient de sécurité de 12; son diamètre est de 6 ^{mm}; sa longueur totale est de 1150 ^{m}.

112. — Les deux stations extrêmes sont motrices; elles comportent chacune: 10 mètres de tubes extérieurs de 72 à 60 ^{mm} de diamètre; 10 mètres de tubes intérieurs de 60 à 48 ^{mm} de diamètre; une poulie-treuil de 1 ^{m} et deux poulies de 0,6 ^{m} pour le câble tracteur; une poulie de 0,6 ^{m} pour le câble porteur.

113. — Dans un matériel capable de se plier aux circonstances les plus diverses, il conviendrait de comprendre des supports intermédiaires, au nombre de cinq. Si ces supports doivent donner 5^m de hauteur, ils comporteront 8^m de tubes de 60 à 50^{mm} et 8^m de tubes de 50 à 40^{mm}. Aucun des divers éléments de ce matériel, après démontage, ne dépasse le poids de 40 kg., ce qui les rend par conséquent, éminemment transportables.

114. — Le type de transporteur que nous venons de décrire est à un seul câble porteur; il ne permet donc pas le transport simultané dans les deux sens. Le constructeur, toutefois, a établi un second type, à deux câbles porteurs, qui utilise la traction à la fois par les deux brins d'un même câble tracteur. Dans ce dernier type, les supports étudiés sont des chevalets en charpente de bois. Le système à double porteur se prête évidemment à un transport plus intensif et sans interruption; mais le premier système à l'avantage d'une légèreté plus grande, ce qui en facilite le transport et le montage. C'est un mérite appréciable.

La comparaison des éléments des deux systèmes déterminera le choix que l'on en doit faire dans chaque cas particulier.

115. — <u>Type à 2 câbles porteurs</u>. — Quatre hommes suffisent pour la manœuvre de l'appareil. Le poids total de l'installation, sur une portée de 500^m, est de 4.910 kg. ainsi décomposé:

1ère station, non motrice, mécanismes et ferrures	1.200 kg.
Constructions en bois	1.200
2ème station, motrice, mécanismes et ferrures	380
Constructions en bois	1.000
Câbles porteurs 1.100 m.	780
Câble tracteur 1.150 m.	150
2 wagonnets de 100 kg.	200
Total	**4.910 kg.**

Le montage de l'installation complète peut se faire en trois heures au moyen de trois équipes de dix à douze hommes, une à chaque station et une pour la ligne.

La capacité de transport est de 2.000 kg par heure.

116. — *Type à 1 câble porteur.* — La longueur du câble porteur est réduite à 550 m. Celle du câble tracteur reste la même au contraire, soit 1150 m.

Les différents poids de l'installation, pour une ligne de 500 m., sont les suivants :

2 stations (motrices) en tubes télescopiques, à 375 kg	750 kg.
5 pylônes intermédiaires à 250 kg	1.250
Câble porteur, 550 m.	380
Câble tracteur 1150 m.	150
1 Wagonnet	100
Total	**2630 kg.**

Le montage enfin peut être fait en 2 heures par trente hommes.

Chapitre 7.

Calcul des câbles et des porteurs funiculaires.

117. — Étant connu l'effort de traction auquel un câble métallique doit résister, on en déduira la section en admettant pour la charge de rupture des fils les chiffres suivants, suivant leur nature :

fils de fer _________ 50 à 55 ^{kg} par $^{mm^2}$

fils d'acier _________ 100 à 120 ^{kg} »

La charge de sécurité sera le 1/8 ou 1/10 de la charge de rupture.

Le tableau suivant résume les éléments relatifs aux câbles métalliques et donne en particulier la résistance qu'un câble peut offrir suivant les matériaux qui le composent (fer au bois, acier Martin, acier au creuset).

Les prix qui y sont portés ne peuvent être considérés que comme une indication, ces prix variant nécessairement avec le cours du marché.

Tableau ....

118._ Éléments et Tarif des Câbles métalliques.

Diamètre en millimètres	Poids approximatif par mètre	Câbles en fer au bois sup.re ou en acier Martin. Résistance des fils: 80 K.os par m/m².		Câbles en acier Martin. Résistance des fils: 100/110 K.os par m/m².		Câbles en acier fondu au creuset. Résistance des fils: 140/150 K.os par m/m².	
		Résistance à la rupture	Prix par % K.os	Résistance à la rupture	Prix par % K.os	Résistance à la rupture	Prix par % K.os
4	K.os 0,075	K.os 500	Fcs 105	K.os 750	Fcs 127	K.os 1050	Fcs 142
5	0,110	700	90	1050	112	1410	135
6	0,160	960	82	1440	103	1970	125
7	0,200	1200	76	1800	97	2530	122
8	0,250	1500	71	2250	92	3040	117
9	0,300	1800	67	2700	88	3600	112
10	0,400	2400	64	3600	85	4300	108
11	0,500	3000	62	4500	83	6000	105
12	0,550	3300	59	4950	80	7800	102
13	0,650	3900	56	5850	77	9000	97
14	0,750	4600	53	6750	74	9800	96
15	0,820	4920	51	7320	72	11160	92
16	0,930	5680	49	8370	70	12000	92
17	1.»	6000	47	9000	68	13200	91
18	1,100	6600	45	9900	66	16900	90
20	1,400	8400	43	12.600	64	21000	88
22	1,750	10.500	42	15750	62	24000	86
25	2.»	14.000	40	18000	61	27000	84
27	2,500	17.500	39	22500	60	30.500	82
30	3.400	23.800	37	28000	58	36.000	78

Les câbles galvanisés sont augmentés de Fcs 15 par % K.os du 4 au 12 m/m
——— id ——— ——— id ——— „ 12 _ id _ 12 au 15 m/m
——— id ——— ——— id ——— „ 10 _ id _ 16 au 30 m/m

Tension du câble aux points d'attache.

119. — Lorsqu'on doit établir le projet d'un porteur funiculaire, on se donne généralement :

1° — _La charge totale à transporter_ (y compris la benne et tout ou partie du poids du câble tracteur, s'il y a lieu).

2° — _La flèche de la courbe funiculaire_ — Cette flèche, dans le cas où les deux stations extrêmes, sont au même niveau est généralement de 1/20 de la portée.

Il convient de déterminer tout d'abord les pentes aux deux extrémités de la ligne, et, pour cette détermination, on doit procéder par tâtonnements, en choisissant à priori le câble qui semble convenir. Le poids de ce câble étant connu, on s'en servira dans le calcul des efforts à supporter.

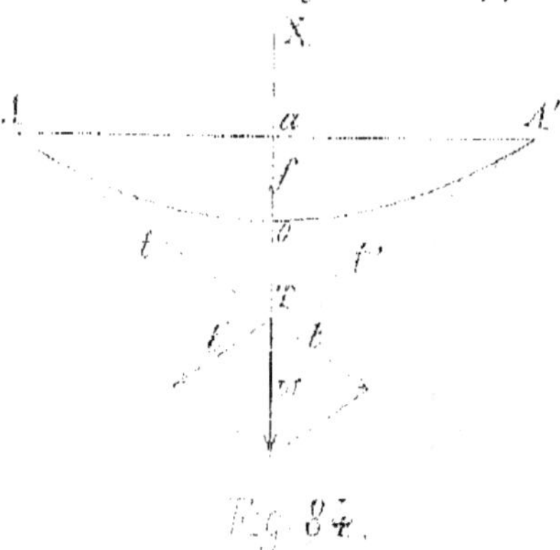

Si le câble choisi est d'un diamètre insuffisant pour résister à ces efforts, on recommencera l'opération en se basant sur un câble plus robuste, et ainsi de suite jusqu'à résultat satisfaisant.

Cas des points d'attache de niveau.

120. — Si la surcharge mobile était nulle, le câble serait en équilibre sous son seul poids qui est uniformément réparti le long de l'arc (puisque des tronçons égaux de l'arc pèsent évidemment le même poids). On sait que, dans ces conditions, le câble prend naturellement une courbure et dessine une _chaînette_.

Toutefois, la flèche étant assez faible pour que les arcs de courbe ne diffèrent pas beaucoup de leur projection sur la corde, on ne s'éloignera pas sensiblement de la vérité en supposant que le poids au lieu d'être uniformément réparti le long de l'arc, est uniformément réparti le long de la corde A A' et, dans ce cas, la courbe d'équilibre est une parabole, dont le sommet est en O, sur la verticale du milieu de la corde.

Rappelons une des propriétés de la parabole. Soit un point A de la courbe, A T la tangente en ce point, T son point de rencontre avec l'axe, a la projection du point A sur cet axe. La distance $\underline{aT}$ s'appelle la $\underline{sous\ tangente}$.

Or, d'après un théorème connu, la sous tangente aT est égale au double de l'abscisse ao :

$$aT = 2\,ao$$
$$To = ao.$$

Appliquons ce théorème à notre parabole funiculaire et à la tangente du point A. Cette tangente coupe en T l'axe OX de la parabole et, la projection du point A se trouvant sur la corde, en a, on aura : $ao = OT$, ou, en remarquant que ao est la flèche f :

$$OT = f.$$

Il est donc facile de marquer le point T et d'avoir les deux tangentes aux extrémités, en joignant le point T aux sommets A et A'.

Le poids du câble Π étant connu, et son action s'exerçant évidemment suivant OT, il suffira, pour connaître la grandeur des tensions en A et A', de construire un triangle de décomposition.

2^{d} — Cas......

121 — Il nous faut envisager maintenant le cas où les points d'attache se trouveraient à des niveaux différents.

Nous continuerons à appeler flèche la longueur de l'ordonnée mesurée sur la verticale passant par le milieu de la corde inclinée AA'.

La courbe est un arc parabolique, mais rapportée à des axes obliques Ox, AA'. La résultante des

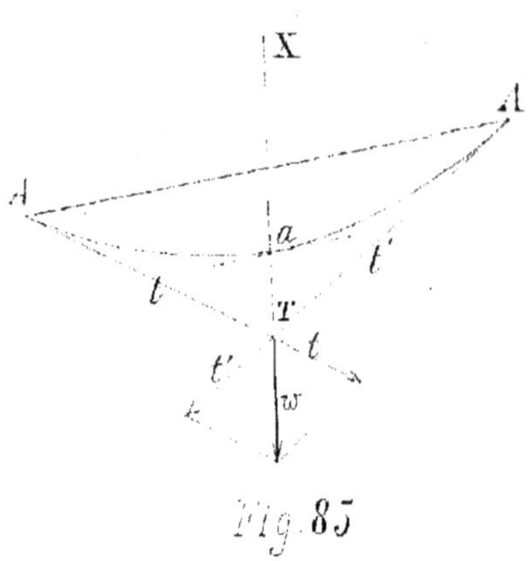

Fig 85

poids s'exerce suivant Xo (en admettant toujours que les poids sont uniformément répartis le long de la corde) et, pour l'équilibre, il est nécessaire que les deux tangentes en A et en A' se coupent sur cette verticale. D'autre part la sous-tangente AT est encore le double de la flèche ao, et nous avons ainsi tous les éléments de détermination des tangentes aux extrémités et des tensions qui s'exercent suivant leurs directions. La tension maximum a lieu d'ailleurs au sommet le plus élevé, et il n'y a aucun intérêt par conséquent à chercher la tension en un point quelconque intermédiaire.

122 — On n'emploie guère un câble-noria, où le même câble sert à la fois de porteur et de tracteur, que lorsqu'on veut attacher régulièrement une série de bennes à peu près régulièrement espacées, en sorte qu'on peut considérer les poids comme régulièrement répartis, ce qui nous fait rentrer directement dans le cas que nous venons d'examiner.

plication au
'un porteur fixe,
vec tracteur
ndépendant.

123 — Le problème se complique au contraire lorsque, le câble porteur étant fixe, une seule charge circule à la fois, tirée par un câble tracteur indépendant.

Si, pour simplifier, nous considérons un porteur dont les attaches sont placées au même niveau et qui, sous son propre poids, prendrait une forme parabolique symétrique $A \delta A'$, la présence d'une surcharge massive P en un de ses points H aura pour

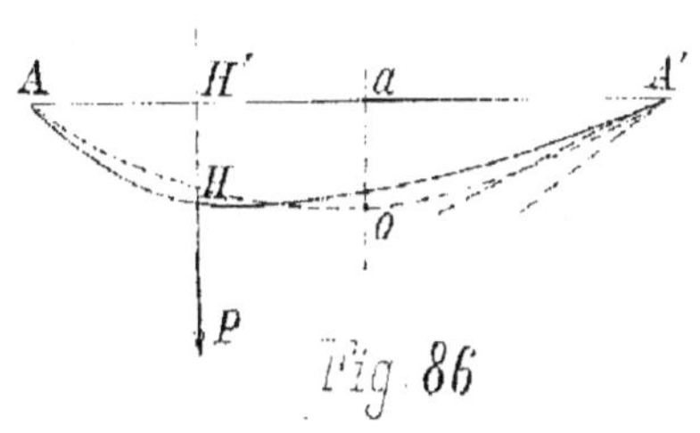

Fig 86

effet de déformer la courbe qui se composera de deux arcs paraboliques AP, PA', se coupant en H suivant un certain angle.

Pour déterminer l'ordonnée HH' et les tangentes en A et A', le problème ainsi envisagé dans toute sa généralité, présenterait quelque difficulté. Mais la considération suivante nous permettra de ne point poursuivre cette solution générale et de nous en tenir au cas particulier qui correspond à la tension maximum en A'.

Observons en effet que lorsque le poids mobile se rapproche d'un des points d'attache A', c'est la tension sur ce point qui augmente, et qu'elle est maximum lorsque le poids mobile est près d'y arriver. Or, à ce moment, le câble aura la même position que s'il était à vide, et il y aura un seul élément très-petit de formé près de l'extrémité où se trouve la charge.

124 — Supposons donc que le mobile P soit arrivé en un point A'' infiniment voisin de A', de telle sorte qu'on peut considérer AA'' comme se confondant avec AA', et la courbe AOA'' du cordage comme se confondant avec la courbe AOA' du câble à vide.

Les tangentes en A et en A' de cette courbe, sont donc déterminées en prenant OT = oa sur la verticale du milieu, et en joignant T à A et à A".

Mais la tangente A"T ainsi déterminée ne se confond pas avec la tangente en A' résultant de l'intervention du poids mobile P. Tout ce que nous pouvons dire c'est que les tensions suivant la tangente A"T et suivant l'élément A"A' font équilibre au poids P.

Le problème est alors des plus simples et comportera les déterminations suivantes :

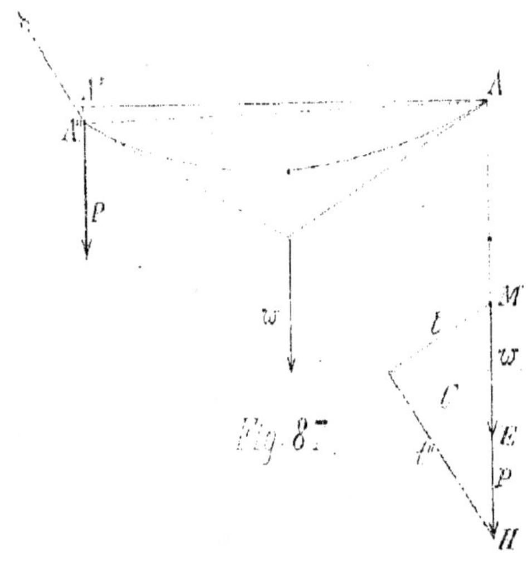

1° Prendre sur une verticale MH et à l'échelle des forces qui peut être quelconque, une longueur ME = Π (poids du câble). Par les extrémités M et E mener des droites respectivement parallèles aux tangentes en A et A" déterminées comme on l'a vu.

Les longueurs MQ, QE représentent à la même échelle les tensions t et t' en A et A".

2° Prolonger ME d'une longueur EH = P. Joindre Q et H. La ligne QH mesure la force qui équilibre P (= EH) et t' (= QE). C'est donc la tension tangentielle t" dans l'élément A'A" et, à la limite, en A'.

126. — Les mêmes considérations s'appliqueraient évidemment dans le cas où les points d'attache seraient à des niveaux différents, avec cette seule différence que le triangle MQE ne serait plus

équilatère ; les tensions T et T' aux deux extrémités seraient ainsi différentes, et la tension serait maximum, sur le point le plus élevé. C'est le seul point par conséquent où il est utile de la déterminer.

Observation. — 127. — Lorsque la benne est en un point quelconque de son parcours, on peut admettre que la charge est égale à son poids augmenté du poids de la moitié du câble tracteur, l'autre moitié étant supportée par les points d'appui.

Formule empirique. — 128. — M. Gros, Ingénieur en Chef des Ponts et Chaussées, a donné une formule empirique permettant de calculer algébriquement la tension maximum T_0 au point le plus haut, en fonction de la différence de niveau h

Fig. 88

de la projection horizontale l, de la flèche f et de la charge totale P comprenant le poids du câble, celui de la benne et celui du câble tracteur :

On peut alors poser sensiblement :

$$T_0 = 1,20 \frac{P}{4 f} \times m$$

le coefficient m ayant la signification suivante :

$$m = \sqrt{\frac{l^2}{4} + \left(\frac{h}{2} + 2 f\right)^2}$$

Bien entendu, on procède par tâtonnements, l'évaluation de P supposant que l'on se donne le poids des câbles.

Câble tracteur. —   126. — On peut, pour première approximation, prendre le poids p_1 du câble tracteur 1/5 du poids p_0 du porteur

$$p_1 = {}^1\!/_5\, p_0$$

On fait généralement travailler ce câble au 1/4 ou même ... 1/3 à la charge de rupture.

Chapitre 8 ......

Chapitre 8.

Consolidation.

130. — Tout ouvrage de construction étant formé par la superposition de matériaux lourds, on peut toujours envisager, en un point quelconque, une partie portée et une partie portante.

Si celle-ci est trop faible, — quelle qu'en soit la cause, — pour la charge qu'elle doit supporter; il y aura lieu, soit d'alléger la partie portée, soit de consolider son support par les moyens suivants :

a) — Une consolidation pure et simple, si l'on se contente de renforcer le support par une construction adventive, une sorte de supplément juxtaposé, sans qu'il soit nécessaire de toucher aux constructions existantes ;

b) — Une reprise en sous œuvre, s'il y a réfection de l'ancienne charpente ou de l'ancienne maçonnerie.

Ce travail comporte donc en général la démolition de la portion d'ouvrage qu'il s'agit de remplacer. Pendant le temps que doit durer cette reprise en sous-œuvre il sera nécessaire de suppléer la portion démolie et de supporter la superstructure au moyen d'éléments provisoires.

c) — Les étaiements sont destinés à jouer ce rôle.

§. 1.

Procédés de consolidation des fondations.

Allégement de la superstructure.

131. — Lorsque la fondation est insuffisante pour supporter le poids de l'édifice, le plus simple est d'alléger la superstructure, si c'est possible; ce qui évite de toucher aux parties portantes, travail toujours délicat et dont les suites ne sont pas toujours faciles à prévoir.

132. — <u>Exemple du pont de l'Alma.</u> — Au moment de l'achèvement, il s'est produit des tassements assez considérables et qui augmentaient d'une manière inquiétante.

On a cherché à les arrêter en supprimant le remplissage des tympans et en y pratiquant des évidements au moyen de voûtes en décharge.

Un fait d'observation permit de fixer exactement le poids dont il fallait alléger la charge de chaque pile. Pendant une crue, on remarqua, en effet, que le mouvement des maçonneries restait stationnaire. On en conclut que, à ce moment là, la perte de poids due à ce supplément d'immersion suffisait à l'équilibre; on calcula ce délestage qui était de 500 tonnes par pile; l'allégement fut porté à 600 tonnes pour plus de sécurité, et, depuis lors, l'ouvrage n'a plus éprouvé aucun tassement.

133.......

133 _ Si l'allègement n'est pas possible, il faut se résoudre à renforcer la fondation elle-même.

Le moyen le plus simple consiste à augmenter l'empattement. qui doit être calculé en tenant compte :

1° _ de la résistance des matériaux de la fondation ;

2° _ de la résistance du sol.

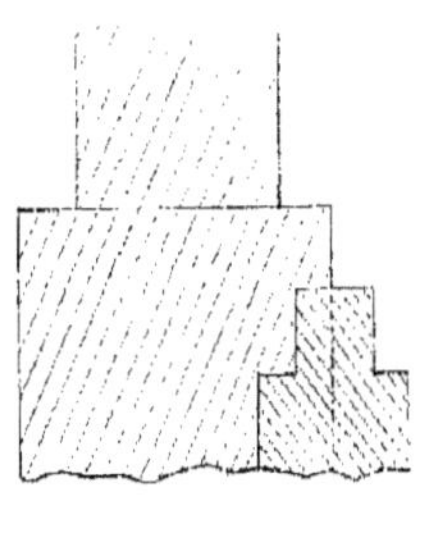

Fig 89

L'élargissement des empattements n'est pas aussi facile qu'il semblerait. On ne saurait se contenter, en effet, de juxtaposer de nouveaux massifs de maçonnerie à côté des anciens, sans aucun lien qui leur transmette une partie des efforts.

a) _ Il sera nécessaire de ménager des arrachements qui fassent pénétrer les massifs l'un dans l'autre, et souvent même d'assurer une liaison plus complète, en taillant des gradins en dessous de l'ancienne fondation.

b) _ On pourrait également établir un grillage en charpente ou en fer, dont les pièces transversales, traversant les massifs du mur, reporteraient sa pression sur la superficie tout entière de la fondation définitive.

c) _ Enfin on pourrait glisser sous la construction primitive, et en opérant de proche en proche, une table nouvelle de fondation présentant un empattement suffisant. Mais on ne doit pas se dissimuler que l'on dérange ainsi l'état d'équilibre actuel (aussi

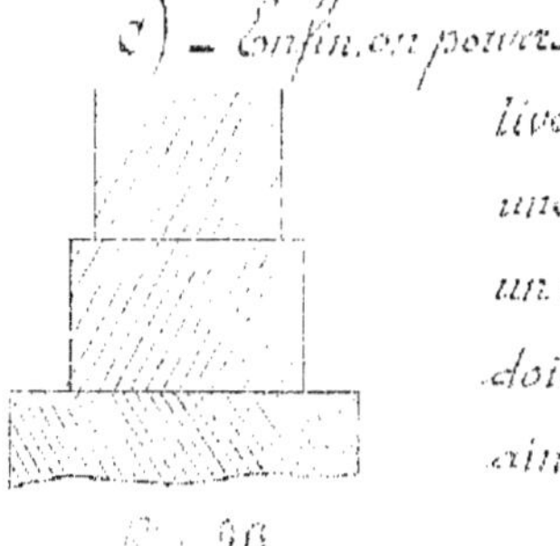

Fig 90

précaire qu'il soit) de la construction, et que le nouvel état d'équilibre ne se prendra pas sans un tassement préjudiciable à la stabilité.

154 — Lorsqu'il sera possible de prendre appui sur un massif voisin, il sera infiniment plus avantageux d'augmenter la résistance des fondations au moyen de voûtes renversées, jetées d'un mur à l'autre.

155 — __Exemple du blockhaus de Cauthô (Cochinchine).__

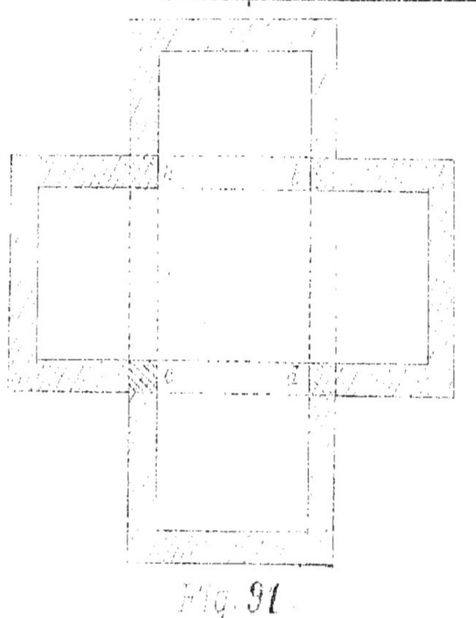

Ce blockhaus, en plan, affecte la forme d'une croix. Il est facile de voir qu'aux angles rentrants a, b, c, d, le massif du mur forme pilier et transmet à la fondation, à surface égale, une pression plus grande que partout ailleurs.

Des fissures dangereuses se produisirent dans les murs en élévation.

Pour arrêter le mouvement, il a suffi de relier les quatre massifs d'angle au moyen d'arcs renversés en briques (marqués en pointillé sur la fig. 91).

156 — Dans le cas où les affouillements atteindraient la fondation d'un ouvrage, il conviendrait de l'entourer immédiatement de parafouilles, et surtout de détourner les eaux.

137. — Il convient de relater également un cas particulier d'accident auquel peut donner lieu la fondation sur radier de sable mouillé, le long des rivières vaseuses soumises à l'action des marées. Il arrive alors que le niveau de l'eau s'élève et s'abaisse périodiquement dans l'intérieur du radier et que, pendant le mouvement de descente, il se produit une véritable succion qui entraîne le sable.

Avec le temps, ce phénomène amène des tassements qui peuvent devenir dangereux.

Il est difficile, après coup, d'y porter un remède efficace; on peut essayer d'établir des murs de garde, mais il peut arriver que ces murs n'aient pas une action suffisante. Il faut donc prévoir cet inconvénient au moment de la construction, et s'il est alors impossible de soustraire le radier à l'effet de la marée, à peu de frais, en l'établissant sur un corroi d'argile ou sur une table de béton, il y aurait lieu de renoncer à ce mode de fondation.

138. — Lorsqu'un ouvrage est fondé sur pilotis, les affouillements peuvent produire deux genres d'effets, suivant qu'ils affectent la partie haute ou la partie basse de la fondation.

139 — a) — Cas d'affouillements vers la tête des pieux. — Le terrain et même les enrochements qui garnissent la tête des pieux peuvent être emportés. Ceux-ci ne sont plus alors maintenus latéralement et se déversent. Le remède consisterait à nettoyer les vides produits aussi complètement que possible, de manière à dégager la tête des pieux, et à y faire un bourrage en y refoulant du béton ou tout au moins du mortier de ciment.

Après quoi on complètera la défense au moyen d'un para-fouille ou d'un mur de garde.

140. — b.) — Érosion des couches inférieures à la fondation sur pilotis. —

Cette action se produit et peut être dangereuse, quand la couche où est fichée la pointe des pilots n'est pas assez puissante pour résister lorsque s'affouille la couche sous-jacente. Dans l'impossibilité d'atteindre la couche où s'est produit l'affouillement, il semble que le meilleur remède est encore de constituer une véritable table en noyant la tête des pieux dans du béton, comme dans l'exemple précédent.

141. — c) — Cas de poussées obliques et de déversement des pieux. —

Lorsque les points d'appui sont assez rapprochés les uns des autres, on peut les relier au moyen d'arceaux renversés ou de radiers en béton, de manière à maintenir la tête des pieux.

Si, au contraire, ils sont trop écartés, il y a lieu de les consolider indépendamment les uns des autres et les moyens sont aussi divers que délicats.

On peut notamment battre à l'extérieur de l'ancienne fondation des pieux obliques supportant une table de béton qui contrebute l'ancien ouvrage.

§ 2......

§. 2.

Consolidation des murs de soutènement.

1142. — La principale cause de ruine des murs de soutènement provient de l'infiltration des eaux dans le massif de terre en arrière. C'est au moment de la construction qu'il convient de prendre toutes les précautions nécessaires pour évacuer facilement ces eaux à l'extérieur.

Si ces précautions n'ont pas été prises, le remède est tout indiqué; il consiste à effectuer quand on s'en aperçoit, ce qu'on aurait dû faire au début (drainages, pierrées, barbacanes, etc. . . . .).

Si ces moyens sont insuffisants, ou si les accidents proviennent de ce que les dimensions sont trop strictes, il faut renforcer le mur.

Ce renforcement se fera au moyen:

1° — De contreforts, contre le renversement par rotation;

2° — De contrebutées, dans le cas de glissement.

1143. — Les contreforts peuvent être intérieurs ou extérieurs.

Il est à peu près illusoire de vouloir souder après coup des contreforts intérieurs à un vieux mur. Malgré les ancrages et les arrachements que l'on aura soin d'y préparer, la liaison ne sera jamais bonne. On sait que très souvent des contreforts bien établis en même temps que le mur principal s'en séparent en se rompant à la racine: comment en serait-il autrement de ces adjonctions postérieures à la construction?

Il semble qu'en pareil cas, il y aurait lieu de prendre son parti de l'indépendance du mur et des contreforts, en ne considérant plus le premier que comme un mur de masque et en établissant ceux-ci comme il convient pour recevoir des voûtes en décharge.

Les contreforts extérieurs ne présentent pas les mêmes inconvénients. La poussée des terres tend, en effet, non pas à en écarter le mur, mais, au contraire, à l'appuyer contre eux. Ils constituent donc un excellent moyen de renforcer un mur de soutènement.

144. — Si le mouvement du mur est un glissement par le pied, le procédé le plus naturel de consolidation consiste à l'arcbouter au moyen d'arceaux renversés appuyés eux-mêmes contre un massif inébranlable existant déjà, ou que l'on crée en enfonçant dans le sol de longs pilots dont on noie la tête dans une épaisse table de béton.

Enfin, il est possible d'appuyer le pied du mur directement sur un massif de butée.

145. — _Exemple_. — On peut citer comme exemple de contreforts le travail de renforcement effectué à la digue de Bouzey et dont la figure ci-contre fait ressortir suffisamment le dispositif.

Depuis 1884, cet ouvrage étant déplacé en entier vers l'aval par un simple mouvement de translation, on a entrepris, en 1888-89, des travaux de consolidation ayant pour but :

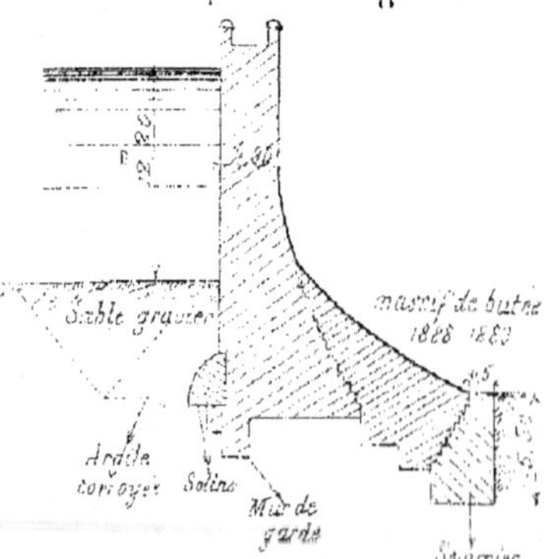

Fig 92

1°_ l'arrêt des infiltrations sous la fondation.

mur de garde en amont descendu à 2ᵐ en dessous de la fondation ; solin en maçonnerie garnissant et protégeant l'angle inférieur de cette fondation ; massif d'argile corroyé.

2°_ en aval : sommier de butée de forme trapézoïdale appuyé sur le rocher par sa face verticale ; entre le sommier et le pied du mur, un massif de butée à profil extérieur courbe, s'appuyant sur le mur de digue par une face de 14ᵐ de haut taillée en gradins. — Les maçonneries du sommier sont établies horizontalement, et celles du massif de transmission ont leurs lits normaux au nouveau parement d'aval.

On sait que cette digue s'est rompue en 1895 ; mais le massif de fondations n'a pas bougé, ce qui prouve que la réfection avait été efficace à ce point de vue.

<table>
<tr><td>

Consolidation
des voûtes.
Remise sur cintres.

</td><td>

146 _ Au moment où l'on s'aperçoit qu'il se produit des mouvements dans une voûte, on doit, en travers des lézardes, placer des <u>témoins</u>, c'est-à-dire des barrettes de plâtre. Tant que ces témoins restent intacts, on a l'assurance que le mouvement est stationnaire et que la maçonnerie a repris un nouvel état d'équilibre.

Si les témoins se fendent, c'est que le mouvement s'accentue, et l'on doit immédiatement <u>remettre la voûte sur cintres</u>, afin d'empêcher tout mouvement ultérieur, tout en se donnant le temps nécessaire aux consolidations qu'il peut être utile d'effectuer.

</td></tr>
</table>

Deux.......

Deux cas peuvent se présenter :

— a) — Tassement des fondations. —

Si la cause de l'accident réside dans un tassement des fondations, ce sont ces fondations qu'il faudra renforcer en les protégeant, s'il y a lieu, contre les infiltrations et les affouillements. Mais il peut se faire que la voûte elle-même manque de stabilité sur ses piédroits.

— b) — Déformation de la voûte elle-même.

On examinera alors avec soin la position des joints qui se sont ouverts, et de cet examen, on déduira aisément le remède qu'il convient d'appliquer.

Ce remède peut se résumer dans cette règle générale.

1° — Consolider les parties portantes ;

2° — Alléger les parties portées.

Il convient de se rappeler les résultats obtenus par Boislard dans ses expériences sur le mode de rupture des voûtes, et l'on en tirera comme conclusions les règles d'application suivantes :

149......

149. — a). — <u>Voûtes peu surbaissées</u>. (Plein-cintre, ellipse, anse de panier) se rompent en s'ouvrant <u>au joint du sommet aux naissances et au joint de rupture</u>.

Pour les consolider conformément au principe posé ci-dessus : charger les parties basses (vers les piédroits) et décharger les voussoirs supérieurs.

Une chape comme celle qu'indique la figure peut suffire parfois.

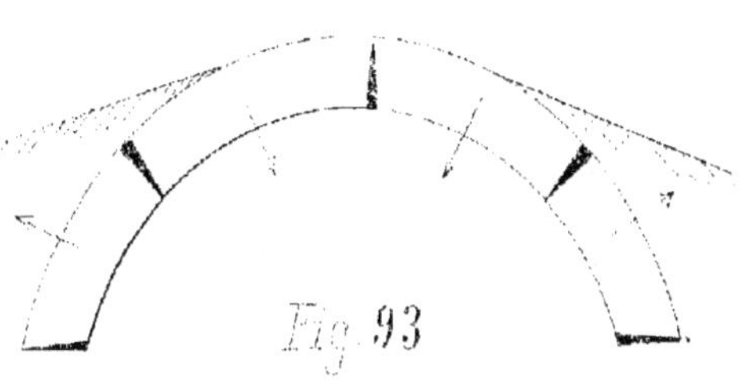

Fig. 93

150. — b) — <u>Voûtes surbaissées</u>. — Dans ce genre de voûte, c'est le glissement sur les premières assises du piédroit qui est le plus à craindre.

On devra donc encore : <u>renforcer les parties basses et charger au-dessus du piédroit</u>.

151 — c) — <u>Voûtes en ogives</u>. — Se rompent comme l'in-dique la figure, les voussoirs intermédiaires tendant à tomber dans le vide, tandis que la clef se relève

On augmentera par suite la stabilité <u>en surchargeant leur sommet et leur partie infé-rieure et en déchargeant les reins au contraire</u>.

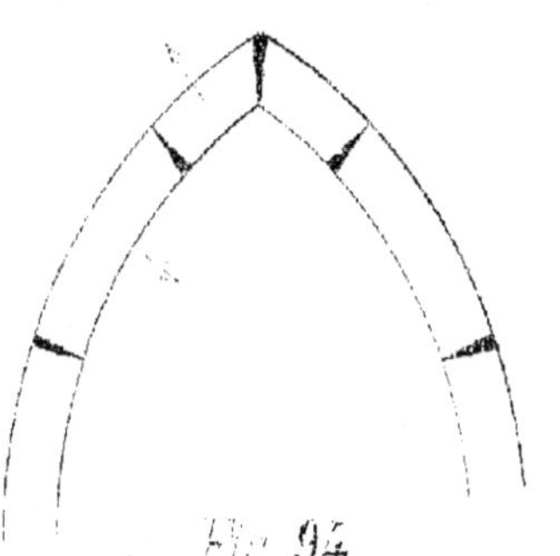

Fig. 94

Une chape tangente aux reins suffira dans bien des cas.

Emploi
des chaînages
métalliques.

152 — Toutes les voûtes peuvent également être renforcées par des armatures en fer convenablement disposées et quelquefois posées à chaud en vue d'augmenter leur serrage par l'effet du refroidissement.

Ce procédé rentre d'ailleurs dans la méthode générale de consolidation des édifices par chaînages et ancrages, dont il sera parlé plus longuement au paragraphe suivant, mais nous devons citer particulièrement l'emploi du fer comme tirant, équilibrant la poussée des voûtes sur les piédroits. Rondelet rappelle l'emploi judicieux qui en fut fait pour la consolidation de certaines voûtes de l'Abbaye de St. Martin, où est installé aujourd'hui le Conservatoire des Arts et Métiers.

Murs de bâtiments.
Causes
des déformations.

153 — Les murs de bâtiments sont généralement très hauts pour leur épaisseur. Pour les maintenir dans leur position première, on doit compter beaucoup sur les liaisons qui les rendent solidaires les uns des autres et qui proviennent des planchers et des charpentes des combles.

Mais si ces organes de liaison se déforment, cette déformation se fait sentir également sur les murs.

154 — Exemples : 1º Les fermes en fer à grande portée poussent au vide par le seul effet de la dilatation ; elles peuvent entraîner les murs d'appui dans ce mouvement, si l'on n'a pas eu soin d'interposer des plaques avec galets de roulement.

2º Les planchers eux-mêmes peuvent prendre une flèche sensible, sous une charge supérieure à celle sous laquelle ils ont été calculés. — Les solives en se courbant tendent à ramener les murs vers l'intérieur; il peut en résulter des bouclements et des lézardes. Le remède, disons-le immédiatement, consiste à renforcer la travure au moyen de poutres supplémentaires ou par la mise en place de supports intermédiaires (piliers en bois, colonnes, etc....).

155. — Lorsque les murs de bâtiment se bouclent et tendent à se déverser, on peut augmenter leur résistance et arrêter tout au moins le mal à ses débuts, au moyen de liens métalliques qui prennent le nom de chaînages et d'ancrages.

Ces ancrages ont pour but de rendre solidaires toutes les parties de l'édifice et constituent une excellente précaution qu'il convient de prendre au moment même de la construction. Dans ce cas, les fers qu'ils comportent sont noyés dans l'intérieur de la maçonnerie. (Voir la 5ème partie du Cours, Charpentes)

Lorsqu'on applique au contraire après coup ce mode de consolidation pour arrêter un mouvement commençant, on ne saurait découper les murs pour y loger l'armature métallique; on se contente de placer celle-ci le long des parements; il suffit alors d'y pratiquer une rainure qui permette de dissimuler les fers sous l'enduit. Leurs extrémités seules traversent les murs qu'ils rencontrent et sont retenues par des écrous sur des rosaces de fonte ou des clefs ornées en fer forgé, qu'on applique à la face de la maçonnerie.

156. — Afin de tendre le mieux possible les barres d'ancrage, on les compose de plusieurs parties réunies par un assemblage susceptible de réaliser un serrage énergique. Les figures indiquent quelques uns des procédés employés.

(assemblages à double clavette (a) et (b), à manchon taraudé (C) et à
lanterne (d) se vissant par leurs extrémités opposés et filetées en sens contraire).

Mais, avant tout, dans ces chaînages posés après coup, il faut compter sur le serrage sur l'ancre extérieure. Dans ce but, la partie de la barre qui dépasse la plaque d'ancrage est filetée et reçoit un écrou qui doit être serré à refus.

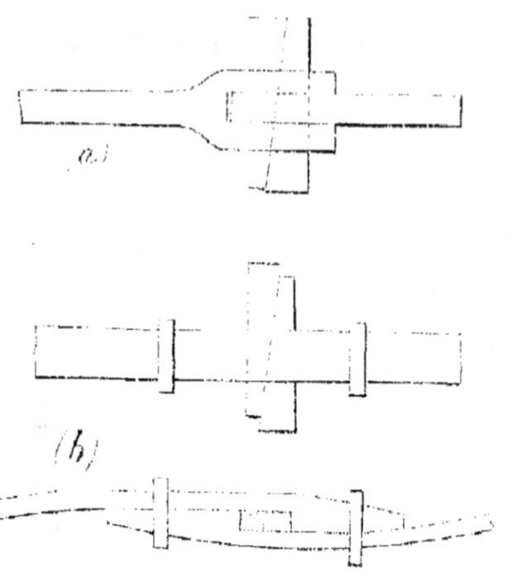

Fig. 95. Assemblages à double clavette

Fig. 96. Assemblages à écrou ou à lanterne.

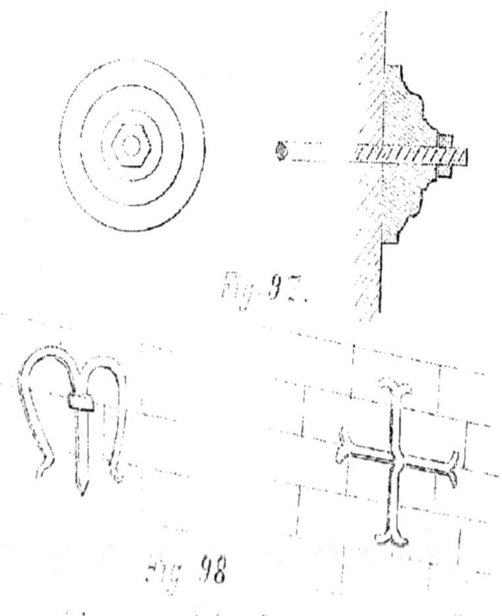

Fig. 97.

Fig. 98

157. — *Exemple : Le chaînage de consolidation posé autour de l'architrave de l'Arc d'Orange.* — Cette ceinture extérieure dissimulée par la corniche sur laquelle elle repose est composée de fers carrés et méplats, avec barres transversales faisant office de tirants. Les barres sont assemblées à trait de Jupiter, serré par des coins, les abouts maintenus par deux bagues.

Fig. 99.

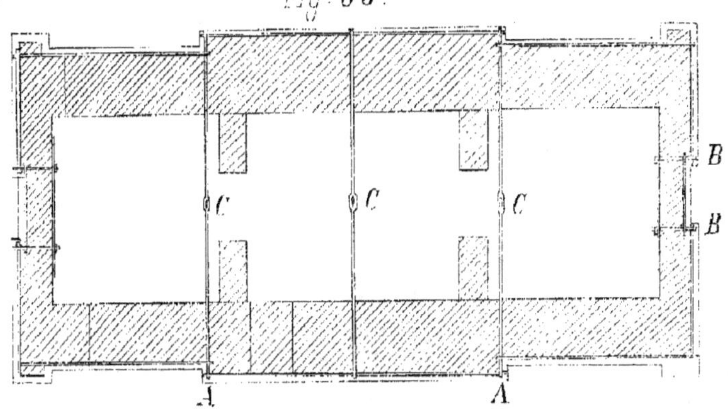

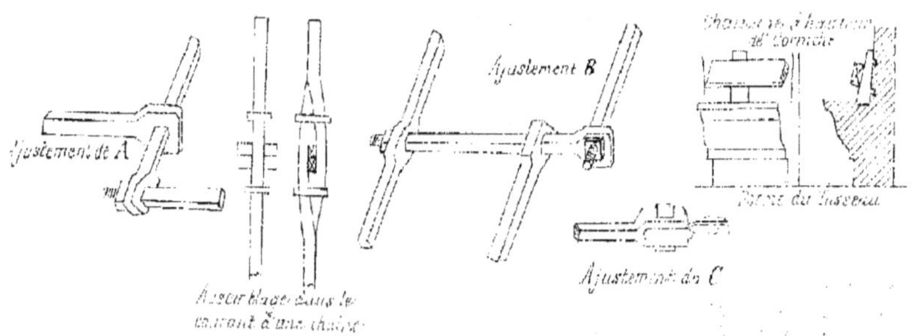

158. — On a de même cerclé extérieurement bon nombre de coupoles, Saint Pierre de Rome par exemple. — La ceinture peut alors être établie à la base de la coupole. On peut également en placer à différentes hauteurs et le serrage s'obtient naturellement par suite du diamètre croissant de la surface sur laquelle on force le chaînage à refus.

Fig. 100

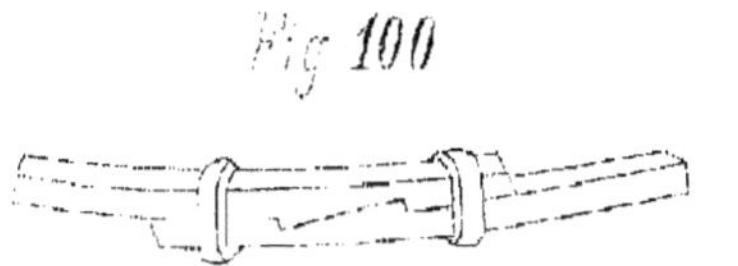

Bâtiment (2ᵉ partie) 7.

§. 3.

Redressements par affouillement systématique.

Redressement
d'une cheminée.

159 — Pour des ouvrages qui se déversent et dont la base n'a pas des dimensions horizontales trop considérables, il est possible parfois d'assurer le redressement par leur propre poids, en creusant sous les parties qu'il s'agit de ramener.

C'est un moyen fréquemment employé pour rétablir la verticalité des cheminées d'usine qu'il est très-difficile de maintenir durant la construction.

On cite une cheminée de 103^m de haut qui était déversée de 1^m,4 à son sommet. Sur la demi-circonférence de base opposée au mouvement, on fora dans le sol un grand nombre de trous de 5 centimètres de diamètre que l'on remplit ensuite d'eau pour amener le ramollissement de la terre avoisinante. Cette diminution de la résistance suffit à produire un tassement inverse du premier et le redressement de la cheminée.

160. — Un autre exemple de redressement d'une cheminée montrera bien quelle variété de ressources l'Ingénieur peut puiser dans son imagination, pourvu qu'elle s'appuie sur une connaissance approfondie de la pratique de son art.

Il s'agit également d'une cheminée de 103^m,30 élevée dans l'usine Marrel frères à Rive-de-Gier, et dont le sommet avait subi un déplacement de plus d'un mètre en se fendant sur 14^m de longueur.

On n'a pas hésité à scier la cheminée en sept tronçons aux points où la courbe de déversement présentait les jarrets les plus prononcés.

On pratiquait d'abord au moyen d'une scie passe-partout un jour dans un joint, entre les briques; puis on continuait le travail de part et d'autre avec des scies égoïnes, en ayant soin, bien entendu, de caler de distance en distance. Pour cela, on enlevait une ou deux assises de briques qu'on remplaçait par des plaques de tôle forte, entre lesquelles on chassait des coins en fer de 3 m/m d'épaisseur environ.

On comprend qu'en opérant ensuite sur les coins, il était possible de redresser convenablement le tronçon supérieur. Il suffisait alors de couler du ciment à prise rapide dans le joint et d'attendre qu'il eût fait prise pour enlever les coins et les plaques.

On refit également la maçonnerie avoisinant la lézarde verticale.

§ II

Exemple de précautions à prendre en terrain très inégalement compressible.

Fondation de la gare de St Etienne.

161. — Il est des cas où l'on doit prévoir les tassements inégaux du sol sur lequel va reposer un bâtiment en construction, sans qu'il soit possible de les éviter à l'avance par une bonne répartition des charges.

On en trouve de frappants exemples dans la région minière de Saint-Etienne. Malgré tous les soins apportés au bourrage des remblais dans les galeries, après l'extraction du charbon, malgré la profondeur considérable à laquelle se trouvent ces galeries, leur présence dans le sous-sol provoque des tassements ; des affaissements plus ou moins brusques, et qui disloquent les constructions élevées à la surface du sol. C'est ainsi que le terrain sur lequel est établie la gare de Saint-Étienne s'est affaissé de 1,^{m}80 environ de 1857 à 1884.

Pendant longtemps encore, et tant que l'exploitation des couches sous-jacentes n'aura pas pris fin, il faudra compter avec une complète instabilité du sol.

Dans la construction de la nouvelle gare de Saint-Étienne, on a cherché à constituer l'ouvrage de telle façon que le tassement de la fondation ne se fît pas sentir dans la superstructure. A cet effet, celle-ci est formée d'une ossature métallique avec remplissage de briques; toutes ses parties sont donc parfaitement reliées entre elles.

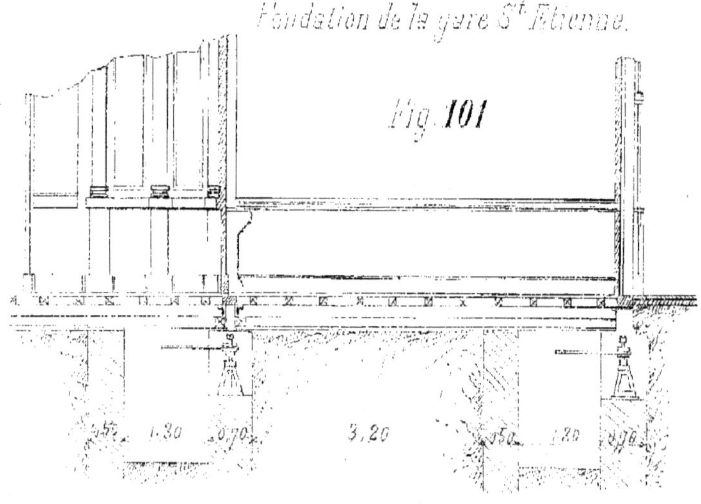

Cette superstructure est établie sur un châssis métallique composé de semelles ou sablières en fer et tôles rendues solidaires, et qui repose sur les fondations par l'intermédiaire de vérins.

Aussitôt...

Aussitôt après l'achèvement des constructions, on a pu constater un premier tassement : la partie Ouest et le pavillon central s'étaient enfoncés de 0^m,25 en moyenne ; la partie Est avait baissé de 0,24 d'un côté et de 0,02 de l'autre. On a procédé alors à une première opération de relèvement qui a parfaitement réussi. Elle a pu être menée à bonne fin, sans interrompre un seul instant le service de la gare et sans que les enduits et plafonds aient présenté la moindre trace de dislocation.

C'est là un résultat excessivement satisfaisant, surtout si l'on considère que le poids seul du métal entrant dans la construction atteint 781 tonnes.

Chapitre IX....

Chapitre 9

Étaiements et reprise en sous-œuvre.

Objet
et Définition.

162. — Les étaiements font en quelque sorte partie intégrante des travaux en sous-œuvre, ce qui nous conduit à traiter des uns et des autres dans le même chapitre.

163. — On donne le nom de <u>travaux en sous-œuvre</u> à ceux qui sont exécutés par dessous des constructions déjà faites avec lesquelles il faut les raccorder.

Certaines parties des ouvrages neufs s'exécutent en sous-œuvre.

Ex : les piédroits d'un tunnel ;

l'achèvement au moyen de l'air comprimé d'un puits foncé par havage ; etc . . . .

Mais les travaux de ce genre s'appliquent plus souvent encore à des réfections d'ouvrages anciens qui ont donné des signes de fatigue.

Ils comportent généralement alors le remplacement d'une portion quelconque de l'édifice par une autre, ce qui présente des difficultés exceptionnelles ; et, pour en triompher, il faut déployer beaucoup d'adresse, en même temps qu'y appliquer des dispositions ingénieuses et bien étudiées.

164 . . . . . .

Causes
qui nécessitent une
reprise en sous-œuvre.

164. — Les causes qui nécessitent une reprise en sous-œuvre sont d'abord celles que nous avons énumérées au début de cette étude, et toutes celles, en outre, qui provoquent la ruine ou simplement la dislocation d'une partie de la construction. — Citons les principales :

a) — Tassement des fondations, amenant le déversement de quelques supports qu'il faut replacer dans leur aplomb ;

b) — Effritement et décomposition des matériaux qui constituent un massif portant : ces matériaux n'offrant plus aucune résistance, il faut les remplacer ;

c) — Enfin des motifs de convenance peuvent amener à introduire dans un édifice des modifications profondes qui entraînent également des reprises en sous œuvre (ouverture de boutiques au rez-de-chaussée d'une maison, etc. [1] ....

165. ....

---

[1] « On ne peut mettre en doute, écrit Viollet-le-Duc (Dict^re de l'archit. mot étai) que les Architectes à dater du XIIIᵉ siècle, n'aient été fort habiles dans l'art d'étayer les constructions, soit pour les consolider au moyen de reprises en sous-œuvre, soit pour modifier les dispositions premières. La facilité avec laquelle on se décidait, au moment où l'architecture gothique apparut, à changer et reconstruire une partie des bâtiments à peine achevés afin de les mettre en harmonie avec les méthodes nouvelles qui progressaient rapidement, tient du prodige et ne peut être comparé qu'à ce que nous voyons faire de notre temps. »
De nos jours et pour d'autres raisons, les édifices se transforment volontiers au gré des affectations passagères qu'on leur impose et nos Entrepreneurs sont devenus fort habiles dans ce genre de travail.

Phases principales
du travail.

165. — Une reprise en sous-œuvre comprend un certain nombre de phases, toujours les mêmes :

1° — Constitution d'un système de supports provisoires, — ou étais, — destiné à suppléer la partie à modifier. — Les deux systèmes (celui que l'on remplace et celui qui le remplace) doivent être évidemment équivalents au point de vue de l'équilibre ;

2° — Enlèvement ou démolition de la partie à modifier.

3° — Reconstruction, ce qui constitue le travail en sous-œuvre proprement dit ;

4° — Enlèvement des supports provisoires.

166. — Ce qui distingue ces travaux, c'est la nécessité première de créer des supports provisoires, d'étayer : tout le reste se fait par les moyens habituels et connus ; de telle sorte que l'étude des travaux en sous-œuvre se résume à peu près complètement dans celle des moyens d'étaiement.

Conditions essentielles
de la reprise
en sous-œuvre.

167. — La condition essentielle, c'est que les diverses opérations que nous venons d'énumérer ne provoquent aucun mouvement de la superstructure.

Or, ces opérations nécessitent deux changements de supports :

1° — Substitution des supports provisoires à l'élément qu'il s'agit de remplacer ;

2° — Enlèvement des supports provisoires et mise en charge de l'élément reconstruit.

Il importe par conséquent :

a) — qu'au moment de la démolition, l'ensemble des étais soit exactement calé sans déformation possible ; qu'après la démolition, il ne donne pas de poussées dangereuses ;

b) — que le massif reconstruit se lie exactement et sans solution de continuité à la superstructure.

168. — Les conditions concernant les étais s'expriment quelquefois en disant que ceux-ci doivent être neutres [1].

Un exemple va mieux faire comprendre ce qu'il faut entendre par là. Soit une voûte dont la poussée a légèrement déversé la colonne qui lui sert d'appui (figure 103).

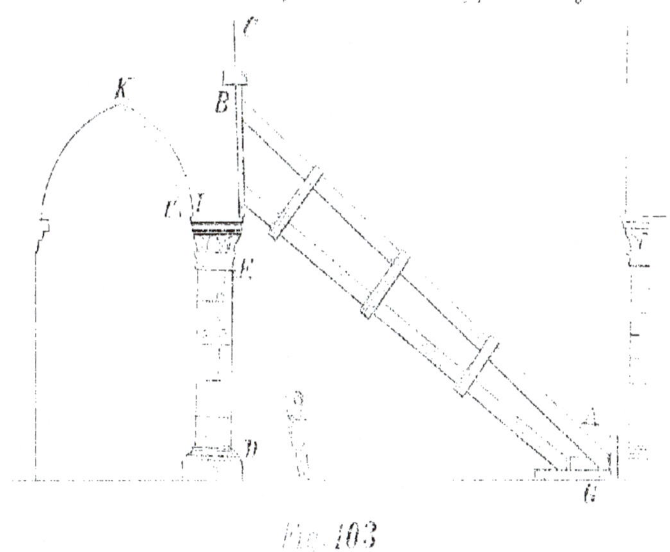

Fig. 103

[1] — Viollet-le-Duc. (Dict. de l'Archit.) — Quelques unes des figures de cette étude sont empruntées à cet ouvrage.

Des étais en arcs boutants AB seront excellents pour empêcher tout mouvement ultérieur ; mais ils seraient extrêmement dangereux si l'on voulait enlever la colonne pour la remplacer, parce que, n'ayant pas de contrepartie, ils exerceraient alors une poussée qui aurait certainement pour effet de fermer l'ouverture de la voûte.

La figure 104 montre quel serait alors le dispositif à adopter.

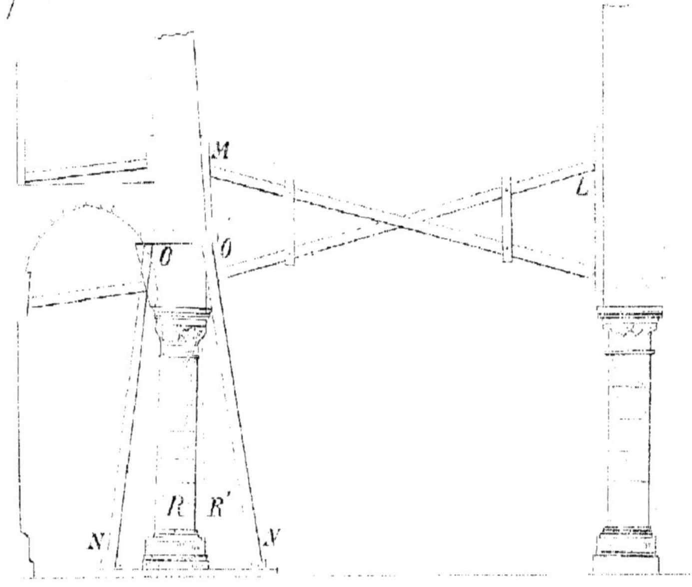

Fig 104.

1°.— un support vertical NO pour remplacer la colonne après sa suppression ;

2°.— une batterie d'étais ML arc-boutant la partie qui pousse au vide, mais contrebutée du côté opposé par des étançons maintenant les écartements, notamment celui des naissances des arcs latéraux que l'on remettra sur cintre.

§. 1.....

§ 1. — Des Étais [1]

Nature des bois. — 169. — Le meilleur bois pour faire les étais est le sapin, parce qu'il est droit, long et raide. Il est difficile d'étayer avec le chêne qui est d'une longueur médiocre, généralement courbe, lourd, et par suite d'un levage difficile, sans préjudice de son prix élevé.

On préférera le chêne, au contraire, pour les plateformes, semelles, cales et chapeaux, parce qu'il résiste sans que son tissu s'écrase comme celui du sapin.

Le peuplier doit être rejeté dans tous les cas à cause de sa flexibilité.

Éléments des étais simples. — 170. — Les étais les plus simples sont :

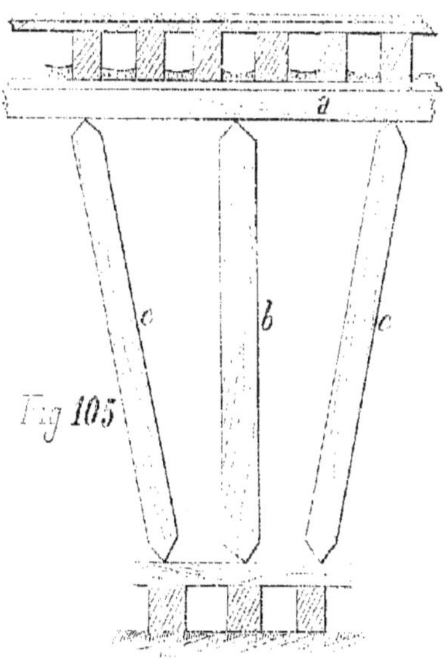

1° La chandelle, pièce de bois verticale, arc-boutée à son extrémité supérieure à la partie de l'édifice (linteau, plancher, etc....) qu'il s'agit de soutenir par l'intermédiaire d'un chapeau, et reposant par son pied sur une semelle ou plateforme en madriers, destinée à répartir les pressions sur une grande surface (Ex. de l'étaiement d'un plancher fig. 105).

___

[1] Cette étude est limitée aux étaiements dans les constructions à ciel ouvert.

Afin de produire le serrage, la chandelle est tenue légèrement plus longue que la distance verticale des pierres entre lesquelles elle doit se loger. Ses extrémités sont taillées en biseaux obliques. On chasse le pied, non pas à coups de masse ou de marteau, (ce qui causerait un ébranlement souvent dangereux de la construction) mais au moyen de la pince.

171 — 2° — Le chevalement se compose d'un chapeau horizontal maintenu par un certain nombre de pieds assemblés avec lui et boulonnés. Il est destiné à supporter des efforts verticaux, lorsqu'on ne dispose pas de l'espace à l'aplomb de la charge. La fig 104 offre l'exemple d'un chevalement NO. On y remarquera que les pieds sont inclinés de manière à équilibrer les poussées obliques.

172 — 3° — Les étais obliques ou étrésillons sont des pièces de bois arcboutant une surface verticale qui pousse au vide. Ils serviront notamment à étayer un mur.

Lorsque l'angle d'appui de la tête est très faible, il est bon de lancer dans la maçonnerie une bonne pierre dure formant boutisse, au-dessous de laquelle on place une cale C en cœur de chêne contre laquelle vient s'appuyer l'about supérieur de l'étrésillon.

L'about inférieur repose sur une plateforme en bois inclinée convenablement et calée sur le sol.

S.2 .....

— § 2. —
Divers exemples d'étaiement.

Étaiement
d'un mur.

173. — Lorsqu'un mur se boucle, ou même lorsqu'il s'agit simplement de le consolider pendant la reconstruction partielle, il est nécessaire de l'étayer sur une hauteur assez grande. Un seul brin de bois n'y suffirait pas.

Chaque support est alors constitué par plusieurs brins placés dans un même plan vertical et solidarisés par des liernes transversales moisées qui raidissent tout l'ensemble.

Jamais les brins d'un même système d'étais ne doivent être parallèles. On les dispose en éventail.

Suivant le cas, la convergence se fait vers la tête ou vers le pied.

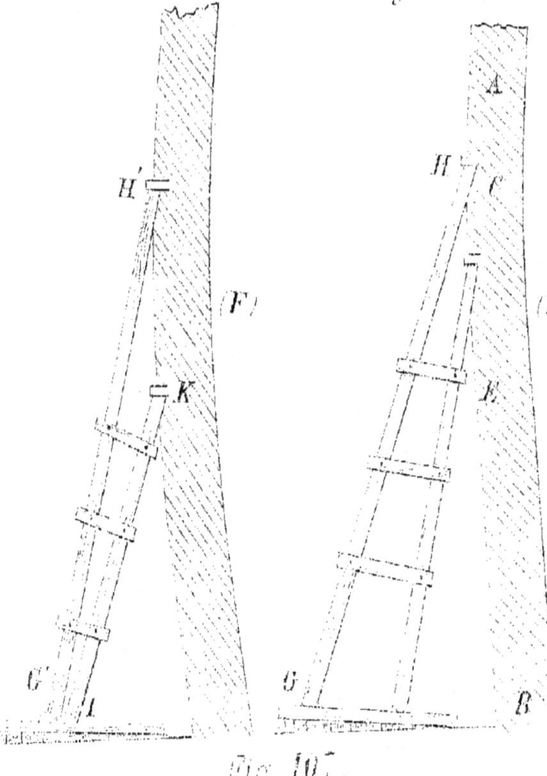

Fig. 107.

174 - a) - Exemple de convergence vers la tête. (D) lorsque le bouclement se produit sur une faible hauteur et affecte une région horizontale bien déterminée.

L'appui des étais doit se faire un peu au-dessus de la brisure.

175. b) Exemple de convergence vers les pieds. (F) lorsque le bouclement est général et qu'il importe

de soutenir le mur sur une grande hauteur. L'action des
étais serait alors meilleure en faisant agir l'about des étais
obliques sur une pièce de bois posée à plat le long du parement.

Pour contreventer ces sortes de fermettes, on peut réunir les fermettes
consécutives par des croix de St André.
On peut également constituer de
véritables chevalements inclinés
comme l'indique en perspective la
figure ci-contre.

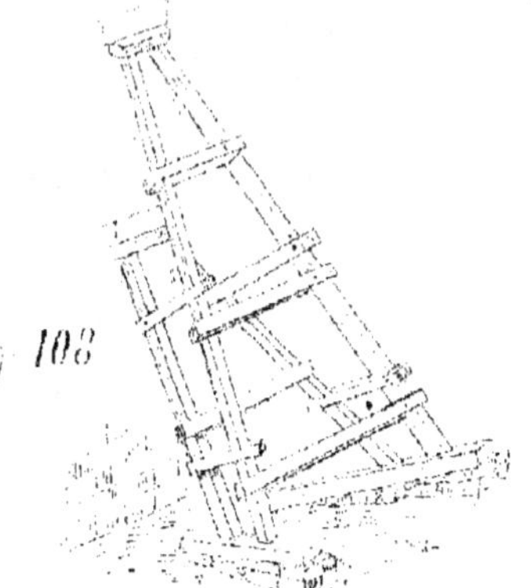

Étaiement
d'une voûte.

176 — Nous avons dit que lorsqu'il y avait à reprendre en
sous-œuvre le piédroit d'une voûte, le premier soin devait être de
replacer celle-ci sur cin-
tres. Toutefois ces cintres
diffèrent de ceux qui servent à la construction.

Sans établir de conchis
jointifs, on se contente
d'appuyer sur l'intrados
quelques pièces de bois
maintenues et serrées
au moyen d'étais et d'étrésillons en éventail.

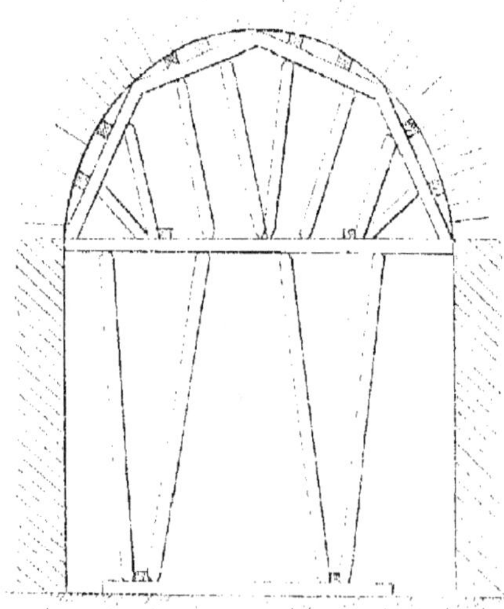

Étaiement
d'une façade.

177 — Chaque fois qu'une transformation entraîne la démolition partielle d'un mur de façade, il convient d'étrésillonner les
baies situées au dessus de la région à démolir, afin d'éviter la
rupture des encadrements, — des linteaux et appuis surtout ; —

s'il venait à se produire le moindre tassement. — La figure 110
montre plusieurs modes d'étrésillonnement, suivant l'effet que l'on veut
produire.

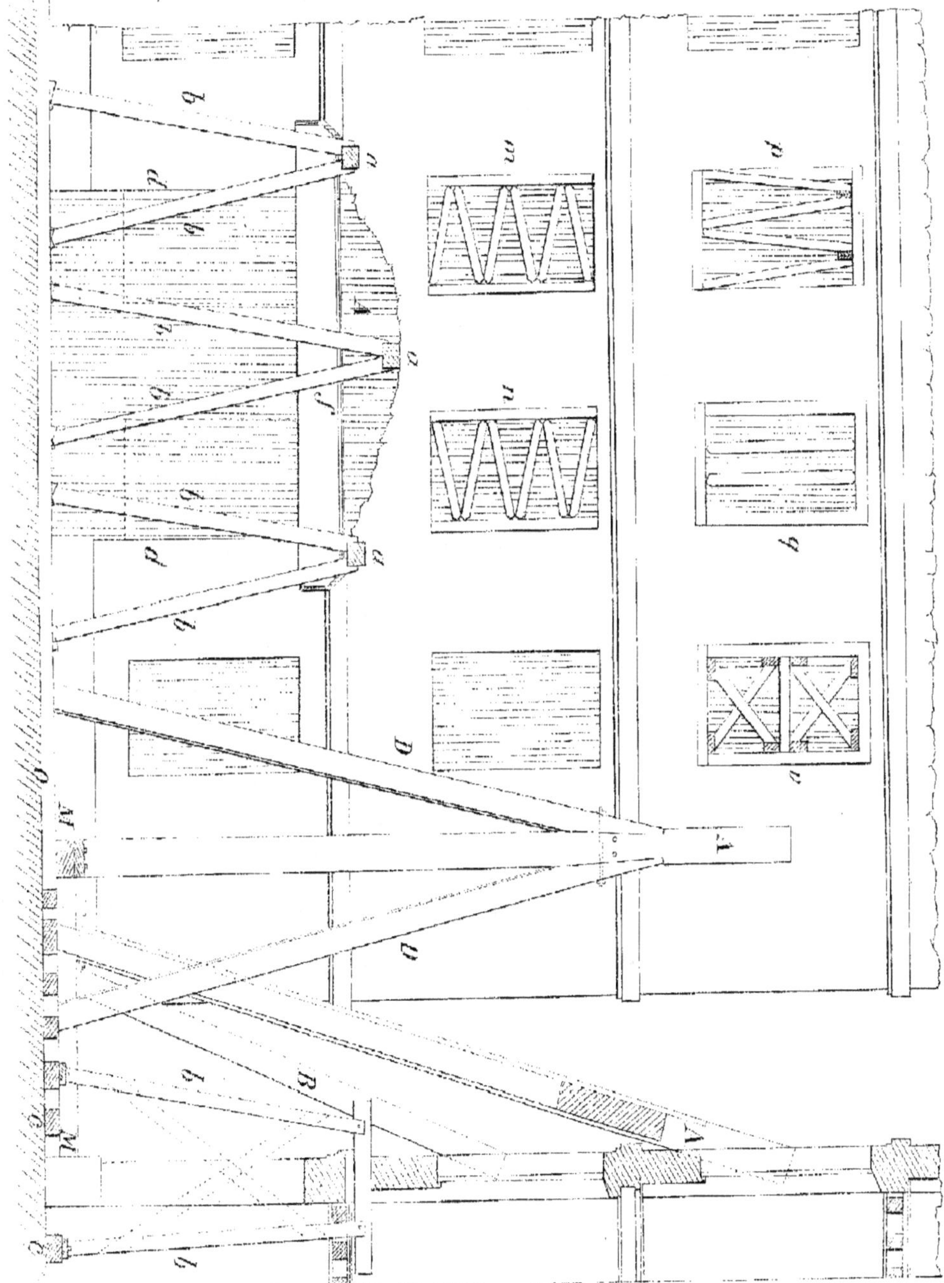

a) — On protégera plus spécialement les linteaux et appuis en les doublant à plat de fourrures fortement serrées par des chandelles (p et q de la figure).

b). — On renforcera, au contraire, les piédroits en disposant verticalement les fourrures que l'on étrésillonne par des pièces transversales à la fenêtre et dont les abouts s'arcboutent deux à deux (m, n de la fig).

c). — Enfin, on peut maintenir l'encadrement dans tous les sens au moyen de croix de Ste André étrésillonnant diagonalement l'ouverture (r).

Étaiement des parties de façade en démolition.

178. — La même figure permet de se rendre compte des moyens employés pour étayer une façade aux points où doit avoir lieu la démolition.

S'il s'agit par exemple d'ouvrir une large baie. On percera au préalable un certain nombre de trous a, a, a, par lesquels on fera passer les chapeaux de chevalements b, b, b.

Cela fait, on pourra démolir en laissant une forme de voûte aux ventres supérieures de la démolition, la partie conservée s'appuyant sur les chevalements.

On installera alors le poitrail ou linteau de la nouvelle baie (voir les poitrails dans la 5e partie du Cours) et l'on complétera la reprise en sous-œuvre soit par un remplissage en dessus du poitrail, soit par la construction d'une voûte en décharge.

Les étais obliques A, B ont pour but d'éviter que l'ébranlement n'entraîne le soufflage du mur en avant.

§. 3 . . . . . .

— §. 3. —

Exemples de reprises en sous-œuvre.

179 — Dans le cas d'une colonne ou d'un support quelconque isolé portant une charge assez considérable et même
la retombée d'arcs en divers sens, le chevalet doit saisir vigou-
reusement les parties hautes conservées et s'opposer efficacement
aux poussées obliques qui pourraient déverser la construction.

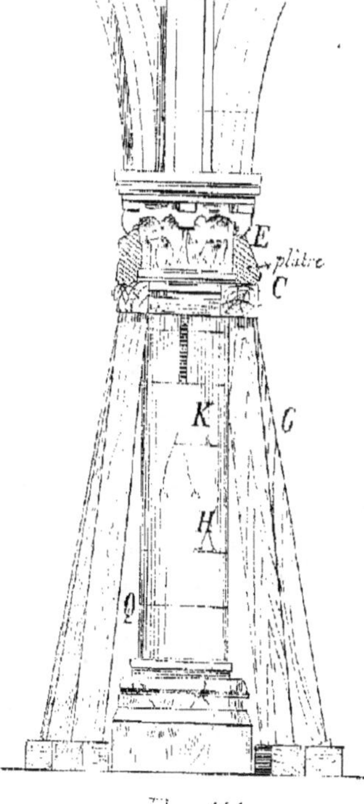

Fig 111

180. — 1ᵉ. Exemple (d'après
Viollet-le-Duc) d'une colonne supportant des arcs d'ogives. Les assises inférieures s'écrasent : il faut les remplacer.
On saisit le premier tambour conservé
au-dessous du chapiteau, dans un châssis
en bois de chêne dont les assemblages
sont gras comme on dit, et ne sont serrés
fortement au moyen de clefs, qu'une fois
en place. On enveloppe de bon plâtre tout
l'intervalle au-dessus du châssis jusqu'aux
cornes du tailloir E. Des pattes en fer
mordent en dessous du tambour à conser-
ver.

Le châssis lui-même est soutenu par huit
chandelles G assez inclinées pour permettre
de glisser les assises à remplacer H.

Le reste de l'opération est facile à concevoir : on pose les pierres sur cales
et l'on coule un mortier convenable dans le joint ainsi formé.

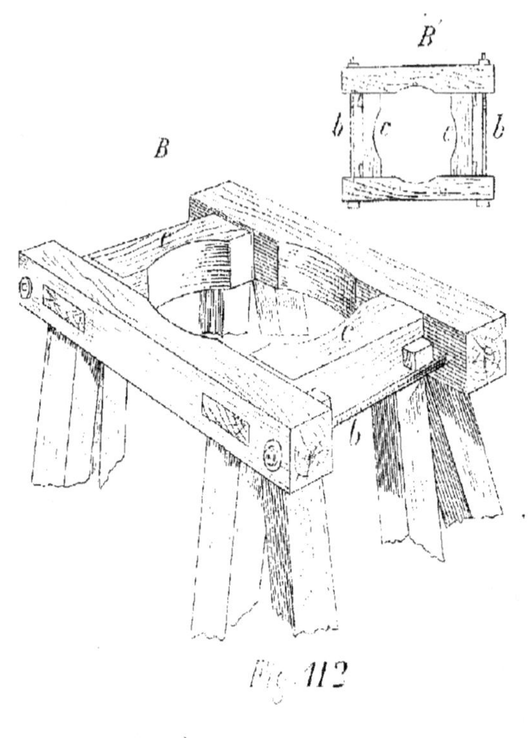

Fig. 112

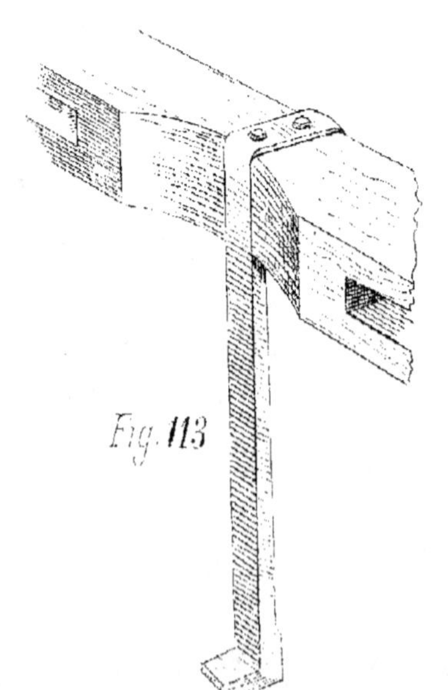

Fig. 113

181. — 2ᵉ Exemple —

Reprise en sous-œuvre
d'une maison de 5 étages

Le prolongement du boulevard Magenta ayant nécessité des déblais considérables, les propriétés en bordure se trouvaient tellement déchaussées qu'on dut les reprendre en sous-œuvre. L'une d'elles notamment fut déchaussée à 3ᵐ,80; elle reposait par l'intermédiaire de platebandes sur des piliers en pierre de taille.

La figure 114 indique le chevalement d'un pilier et le raccord avec la reprise en sous-œuvre.

Les fenêtres de la façade ayant été étrésillonnées, on établit le chevalement C (figuré coupé) qui soutient, à droite et à gauche, les poitrails et planchers voisins du pilier.

La dernière assise conservée porte sur un double fer carré de 8/8 L. encastré dans la pierre de manière à laisser libre son lit d'assise qui est

soutenu lui-même par les chevalements D.

Plan

On peut alors élever la
maçonnerie A′ de la re-
prise et l'on vient araser
exactement l'assise A″ de
manière à laisser juste un
joint ordinaire que l'on
remplit après coup.

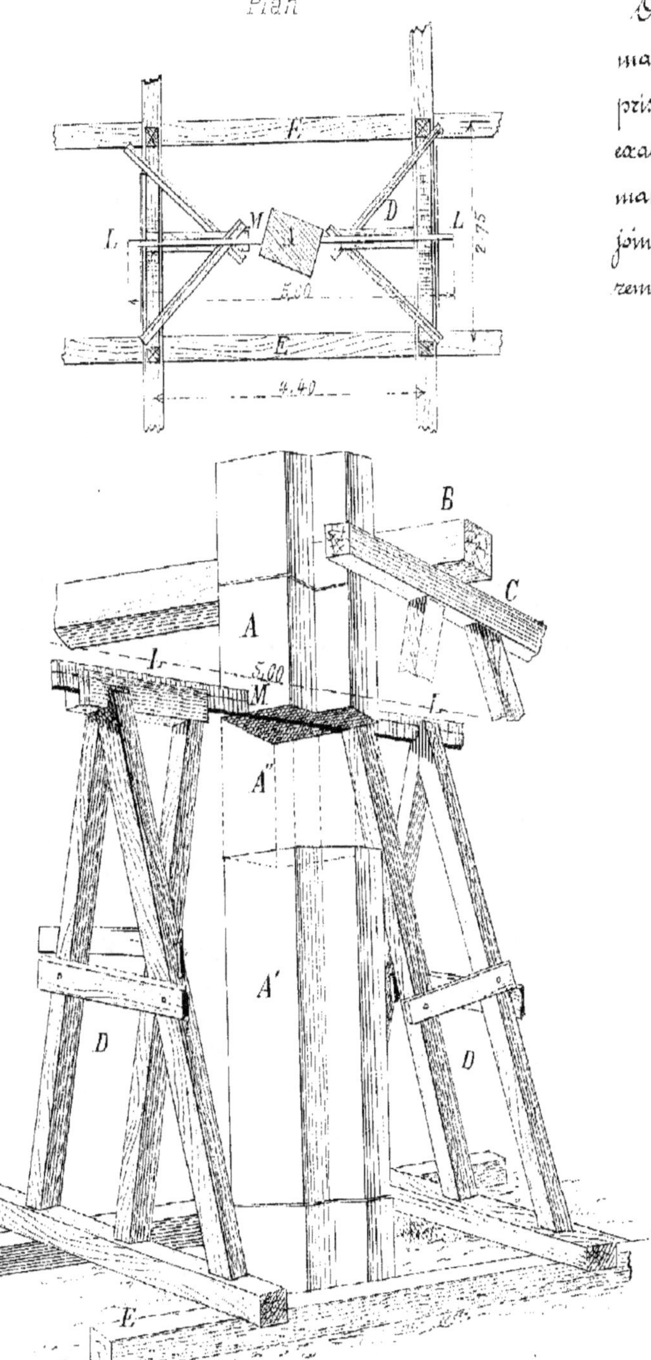

Fig. 114 — Reprise en sous œuvre d'un pilier (Echelle de $\frac{1}{100}$)

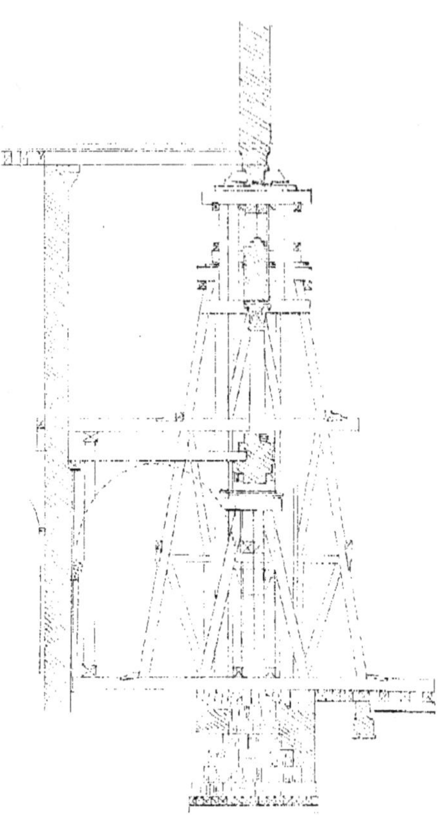

Fig. 115

3ᵉ Exemple. —

La figure 115 montre le chevalement adopté pour la réfection en sous-œuvre entreprise en 1870 du portique et de la loggia du palais ducal à Venise.

L'échafaudage très-important avait pour objet de soutenir tout le mur plein qui repose sur les colonnes de la loggia.

Table des matières....

Table des Matières

COURS ET INSTRUCTIONS

I. — Cours préparatoires.

1. Cours d'arithmétique.
2. Cours de géométrie.
3. Cours de langue française.
4. Cours d'écriture.
5. Instruction sur le dessin graphique.
6. Séries de devoirs, ou programme très détaillé des matières enseignées avec compositions et exercices

II. — Cours élémentaires.

1. Cours d'arithmétique.
2. Cours de géométrie.
3. Notions d'algèbre.
4. Notions de trigonométrie.
5. Cours de langue française.
6. Instruction sur la rédaction d'un rapport.
7. Cours d'écriture.
8. Cours de pratique des travaux et de pratique du service. (Matériaux et procédés généraux de constructions. Notions sur la Voirie urbaine, l'assainissement et les ouvrages d'art).
9. Cours de topographie (levé de plan; nivellement)
10. Technologie du bâtiment.
11. Comptabilité d'entreprise.
12. Instruction sur le dessin graphique.
13. Instruction sur le dessin des plans.
14. Séries de devoirs ou programme très détaillé des matières enseignées avec compositions et exercices.
15. Formulaire mathématique et technique.

III. — Cours moyens.

1. Cours d'arithmétique.
2. Cours de géométrie.
3. Cours d'algèbre.
4. Notions sur les dérivés
5. Cours de trigonométrie.
6. Cours de descriptive.
7. Cours de stéréotomie.
8. Cours de Mécanique.
9. Compléments de mathématiques.
10. Cours de physique.
11. Cours de chimie.
12. Cours d'hydraulique.
13. Cours de résistance des matériaux.
14. Cours de langue française.
15. Cours de Géographie physique et commerciale.
16. Cours de rapport.
17. Cours d'écriture.
18. Cours de pratique des travaux. Matériaux et procédés généraux de construction.
19. Cours de routes et de chemins vicinaux comprenant cours de cubature des terrasses et mouvement des terres.
20. Cours de pratique du service des Ponts et Chaussées.
21. Cours pratique de voirie vicinale.
22. Cours de voirie urbaine et d'assainissement.
23. Cours d'ouvrages d'art, description et métré.
24. Cours de ponts en maçonnerie.
25. Cours de ponts métalliques.
26. Cours de navigation intérieure.
27. Cours de travaux maritimes.
28. Cours de chemins de fer.
29. Cours d'exploitation commerciale des chemins de fer.
30. Cours de travaux du bâtiment.
31. Cours d'industries du bâtiment (en préparation).
32. Cours de travaux coloniaux.
33. Cours d'exploitation des Mines.
34. Cours d'appareils à vapeur.
35. Cours d'outillage mécanique des chantiers.
36. Notions d'électricité théorique et d'électricité industrielle.
37. Cours d'électricité industrielle.
38. Cours de droit administratif.
39. Notions de droit pénal.
40. Notions sur l'instruction criminelle.
41. Cours de législation des chemins de fer.
42. Commentaire des clauses et conditions générales imposées aux entrepreneurs.
43. Cours de topographie 1re partie : Levé des plans, nivellement.
44. Cours de topographie 2e partie : Topographie générale.
45. Cours de topographie 3e partie : Opérations souterraines.
46. Cours de géologie pratique.
47. Instruction pour l'exécution du dessin graphique, avec type.
48. Instruction pour l'exécution du croquis coté, avec type.
49. Instruction pour l'exécution du dessin des plans, avec type.
50. Instruction sur la rédaction d'un petit projet de route : tracé et terrassements).
51. Instruction sur la Cubature des terrasses et le mouvement des terres (méthode Lalanne).
52. Instruction sur le mouvement des terres (méthode Bruckner).
53. Instruction pour la rédaction d'un projet complet de viabilité.
54. Série de devoirs ou programme très détaillé des matières enseignées, avec compositions et exercices
55. Formulaire mathématique et technique.

IV. — Cours supérieurs. — 1° - Cours Théoriques. — I. COURS COMPLETS.

(Programme de l'examen d'admission aux Cours spéciaux de l'École des Ponts et Chaussées).

1. Cours d'algèbre supérieure.
2. Cours de calcul différentiel.
3. Cours de calcul intégral.
4. Cours de géométrie analytique.
5. Cours de mécanique rationnelle.
6. Cours de géométrie descriptive et application à la coupe des bois et à la charpente.
7. Cours de physique.
8. Cours de chimie. — Métalloïdes.
9. Cours de chimie. — Métaux.

II. — COURS RÉDUITS.

1. Cours d'algèbre supérieure.
2. Cours de calcul différentiel.
3. Cours de calcul intégral.
4. Cours de géométrie analytique.
5. Cours de mécanique rationnelle.
6. Cours de géométrie descriptive et application à la coupe des bois et à la charpente.
7. Cours de physique et chimie.

2° - Cours d'Applications pratiques.

(Les nos 2, 3, 4 et 6 comprennent des projets types.)

1. Introduction mathématique à l'étude de la résistance des matériaux, de l'hydraulique et de l'électricité.
2. Cours de rédaction de projets de tracé et de terrassements.
3. Cours de résistance des matériaux et de stabilité des constructions avec applications au calcul des ponts et autres ouvrages.
4. Cours d'hydraulique avec applications aux travaux de distribution d'eau et d'assainissement.
5. Cours de droit administratif.
6. Cours d'électricité avec applications aux travaux publics et industriels (en préparation).
7. Cours de pratique des travaux. — Guide complet de l'Ingénieur des travaux (en préparation).
8. Topographie, Tachéométrie.

IV. — Service spécial de rédaction et vérification de projets.

Projets et consultations pour MM. les Ingénieurs, Conducteurs, Architectes, Municipalités, (etc.).